走近高冷的
可可西里

Approaching
the High and Cold Hoh Xil

牛富俊 林战举 编著

读者出版传媒股份有限公司
甘肃科学技术出版社

图书在版编目（CIP）数据

走近高冷的可可西里 / 牛富俊，林战举编著. -- 兰州：甘肃科学技术出版社，2023.8
ISBN 978-7-5424-2990-2

Ⅰ. ①走… Ⅱ. ①牛… ②林… Ⅲ. ①可可西里－冻土危害－科学考察 Ⅳ. ①P642.14

中国版本图书馆CIP数据核字(2022)第236440号

Zoujin Gaoleng De Kekexili
走 近 高 冷 的 可 可 西 里

牛富俊　林战举　编著

图书策划	赵　鹏
责任编辑	史文娟　杨丽丽
书籍设计	陈妮娜

出　版	甘肃科学技术出版社		
社　址	兰州市城关区曹家巷1号	730030	
电　话	0931-2131570（编辑部）	0931-8773237（发行部）	
发　行	甘肃科学技术出版社	印　刷	广西昭泰子隆彩印有限责任公司
开　本	889mm×1194mm　1/16	印　张　27　插页　2　字数　300千	
版　次	2023年8月第1版		
印　次	2023年8月第1次印刷		
审图号	GS（2023）2170号		
书　号	978-7-5424-2990-2	定　价　189.00元	

图书若有破损、缺页可随时与本社联系：0931-8773237
本书所有内容经作者同意授权，并许可使用，部分图片来源于视觉中国
未经同意，不得以任何形式复制转载

创作团队

第二次青藏高原综合科学考察研究冻土冻融灾害及重大冻土工程病害科考队

统　筹

牛富俊　林战举

编　写

范星文　高泽永　林战举　刘明浩　罗　京　牛富俊　商允虎　尹国安

供　图

蔡泽平　邓建辉　丁泽琨　董　英　范星文　高满新
高泽永　何沛丰　鞠　鑫　兰爱玉　李　兰　李国玉
林战举　刘国军　罗　京　牛富俊　王小龙　王一博
王　亮　魏　明　姚苗苗　尹国安　袁广明　赵思远

致 谢

本书的编写得到如下项目和部门资助和支持,在此致以诚挚的谢意!

资助项目

第二次青藏高原综合科学考察研究任务九地质环境与灾害之专题五"冻土冻融灾害及重大冻土工程病害"

国家自然科学基金重点项目"青藏高原多年冻土区热喀斯特湖环境及水文学效应"

国家自然科学基金面上项目"高海拔多年冻土区局地坡向效应及水热差异定量化研究"

国家自然科学基金面上项目"青藏高原丘陵山地多年冻土热融滑坡自动识别及发育规律研究"

支持部门

中国科学院西北生态环境资源研究院冻土工程国家重点实验室

华南理工大学华南岩土工程研究院

三江源国家公园长江源园区可可西里管理处索南达杰自然保护站

推荐序

青藏高原对中国乃至世界都有着十分深远的影响。青藏高原综合科学考察的目的，就是要查明青藏高原的前世、今生和未来。

这部图集是第二次青藏高原综合科学考察研究中一个专题的研究成果，专题的名称是"冻土冻融灾害与重大工程病害"。图集一开始就介绍了青藏高原的前世。

青藏高原凭借欧亚板块与印度板块碰撞产生的"洪荒之力"，从古特提斯洋洋底冉冉隆升，至今已成为地球上海拔最高的地方，被誉为"地球第三极"——至高无上之极，与南极、北极并列为地球三极！"第三极"的出现奠定了中国三级阶梯的宏观地貌格局，并以其强大的地形动力作用，深刻影响着亚洲乃至世界的天气、气候。

"第三极"在离天最近的地方，接受了更多的太阳辐射。高原地表上方的空气被加热上升，地面气压下降，"第三极"开始抽吸外围的气流进行补充。南亚季风和东亚季风都被吸入大陆，水汽充沛的南亚季风在高原的有利位置上形成大量降水，孕育了"亚洲水塔"；东亚季风得势以后也深入进了中国大陆。原来在行星风系控制下，处于北纬30度左右的长江中下游一带本应该是亚热带干旱区，但水汽充足的东亚季风打破了行星风系的控制，长江中下游一带也因此蝉蜕龙变成了水网密布的"鱼米之乡"；同时，"第三极"的高大山体也阻挡了印度洋水汽的北上，使地处内陆的中国西北地区，出现了大范围的戈壁、沙漠。

就这样，青藏高原"横空出世"，鬼使神差地奠定了中国自然区由东部季风区、西北干旱半干旱区和青藏高寒区三分天下的基本格局。

青藏高原最显而易见的特点是"高"和"冷"。

"高处不胜寒"，因为"高"而天寒地冻，在青藏高原上出现了一大片因为海拔高而形成的冻土——高海拔多年冻土。中国是世界第三冻土大国，高海拔多年冻土面积则在世界上排名第一。

青藏高原的冻土也和青藏高原一样，具有明显的"高"和"冷"的特点。

作为地球第三极的青藏高原是全球变暖的"先兆区",高原上的变暖信号的出现要先于全球其他地区;"第三极"又是全球变暖的"放大器",近60年来,青藏高原的气温上升了2.3℃,升温幅度超过全球同期平均的两倍。

冻土是寒冷气候的产物,所以对气候变暖最为敏感。首当其冲的高原冻土自然要比全球其他地区的冻土更早地发生变化,发生更大的变化。近60年来,高原多年冻土的面积由150万平方千米缩减为126万平方千米,减少了16%,并衍生出了一系列对水文、生态环境、工程建筑等不利的变化。

冻土不同于一般土之处是其中有地下冰。地下冰融化后,地表就会发生沉陷、滑塌、崩塌等变形和破坏,这一过程称为热喀斯特或热融。热喀斯特破坏地表植被,导致生态系统退化,还会改变土壤中的水文和碳氮循环过程。若发生在工程建筑物附近,则会对工程建筑的安全构成威胁。

多年冻土中储存了大量的有机物质,当冻土融化时,这些有机物质会开始分解并释放甲烷和二氧化碳等温室气体。甲烷是一种强效的温室气体,其温室效应比二氧化碳高几十倍,因此多年冻土解冻可能会加速气候转暖。只在垂直方向上进行的解冻是比较缓慢的,但如果发生热喀斯特则会从侧向、溯源加速多年冻土解冻,冻土几十年的单向缓慢解冻只能影响到几十厘米的深度,而由热喀斯特引起的加速解冻则有可能在几天或几年的时间里影响到数米深度的土壤。热融湖塘向大气排放温室气体的过程已受到高度关注。同样也发现,高原上的热融湖塘普遍还存在以冒泡的方式排放甲烷的现象,应予以重视。

除了有机物质,多年冻土还像地球的一道"封印"一样,将远古的病原菌(如病毒),以及有害物质(如汞)封存在了冻土中。研究已证实,冰冻在冻土中的微生物在百万年后仍可复苏。现在,多年冻土在加速解冻,冻土这道"封印"被解开以后,会不会开启"潘多拉之盒",让人类面对极大的生物安全风险?

冻土的第二个特点是,土冻结时其硬度相当于次坚石,可以用作地基;但富冰的冻土融化后,变成一摊稀泥,完全丧失承载力,严重威胁工程建筑的安全。

青藏高原上有一个奇观:从北到南贯穿着一条工程走廊,多项重大工程,包括青藏铁路、青藏公路、输变电线工程、格拉输油管线、光缆干线工程等等,均运营在这条狭长的走廊中。这些重大工程为中华民族复兴的伟业立下了汗马功劳,劳苦而功高,得到人民的赞誉。其中,青藏铁路为国争光,成功入选"全球百年工程",成为世界铁路建筑史上的一座丰碑,被尊为"天路";输变电线工程被誉为"电力天路";青藏公路被比喻为把北京和拉萨连起来的"一条金色的飘带"。现在气候的持续变暖,人类活动的不断增加,多年冻土的加速退化已经严重威胁到了这些重大工程的可持续运营,必须研究对策,采取有力措施,确保工程安全。

冻土的另一个特点是不透水或者弱透水性。这一性质对地下水的补给、径流和排泄条件有控制作用,从而也极大地改变了冻土区大气降水、地表水和地下水之间的水力联系,以及水循环和水资源的时空分布,进而从根本上改变了冻土区的水文、生态状况。

冻土退化时上限下降,地下水位随之下降,使浅层土壤水分流失,表土层旱化,植被退化,引起土地退化,甚至沙化,最终使生态环境恶化。当多年冻土加速退化时,会出现更多的融区,甚至出现贯通融区。当组成融区的沉积物具透水性时,就会使冻土层上水和层下水贯通,建立水力联系,可能导致区域地下水位下降,导致表层的生态环境进一步退化。

河流、湖泊、湿地、沼泽、地表植被、冰川、冻土共同构成了高原的区域水文系统,是一个生命共同体。"亚洲水塔"声名显赫,获得了"三连冠"的荣誉:

河之冠。从青藏高原上飞流而下的、"亚洲水塔"的十一条大江大河,维系着中国以及东南亚、南亚三十亿人口的生活、生态和生产(亚洲冠军);

湖之冠。青藏高原湖泊面积占了中国湖泊总面积的50%,超过水乡江南,而且水色极美(中国冠军);

冰之冠。青藏高原有全球中、低纬度地区最大的冰川作用中心,冰储量9万亿立方米。还有全球面积最大的高海拔多年冻土,地下冰储量12.7万亿立方米,起着调节水量的固体水库的重要作用(中、低纬度地区冠军)。

但是第二次青藏高原综合科学考察研究发现,随着全球气候的持续转暖,冰冻圈的加速退化,"亚洲水塔"开始失衡了!这一信号必须引起高度的重视。

读完图集写下了上面的这些联想。

这本图集介绍了可可西里的基本情况,包括地形、地貌、地质、多年冻土和地下冰、冰缘地貌,以及可可西里主要的动植物，区域内的工程和人文环境等。作者专门用一章的篇幅展示了可可西里考察的艰难与不易，以及考察中的野外生活和工作场景，读来倍感亲切。

近几十年来，青藏高原多年冻土有加速退化的趋势。多年冻土在地下，其退化难以觉察。但是"春江水暖鸭先知"，从地表的热融现象可以灵敏地探知多年冻土退化的范围、程度。热融现象不仅仅是多年冻土退化的"报警器"，其发育对冻土区的水文、生态和土壤中的碳氮循环有重要影响，也对冻土区重大工程的安全运营和未来重大工程的规划提出了挑战。所以，作为一种冻融灾害，热融现象的科学考察应给予大力的支持和鼓励。

作者是把图集作为科普作品设计的。图集以深入浅出的文字，配以资料卡和示意图等辅助手段，对冻土和冻融灾害以及与重大工程的关系做了精辟而通俗易懂的阐述，图文并茂，可读性很强。我国是世界第三冻土大国，高海拔多年冻土面积世界第一。但迄今为止，高等院校都没有冻土学的课程。出于对全球变化深入研究的需要，以及西部大开发、东北振兴和"一带一路"对寒区工程建设提出的挑战，越来越多的部门、专业，越来越多的专家、学者参与到了有关的冻土研究中来。这种形势下，对冻土学知识的交流和传播就显得十分必要。因此，这部图集致力于科普的做法应予支持；图集已经在科普方面做出了成绩，应予鼓励。我也推荐广大有志于青藏高原研究的青年学者，热爱青藏高原环境保护的人们，在闲暇之余翻翻这本图集，了解青藏高原，了解正在变化的可可西里，保护好地球上这最后一片净土。

中国科学院院士

2023年6月6日于上海

序

"可可西里"蒙古语意为青色的山梁、美丽的少女,她是世界上原始生态环境保存较好的自然保护区之一,是公认的"人类最后一片净土"。2017 年 7 月在波兰克拉科夫举行的第 41 届世界遗产大会上,可可西里获准列入《世界遗产名录》,成为中国第 51 处世界遗产。可可西里由于高寒缺氧而被称为"生命禁区",但正因其海拔高、环境恶劣、气候多变、生态环境脆弱而被国家列为重点自然保护区。可可西里自然保护区也是中国设立的面积最大、海拔最高、野生动物资源最为丰富的自然保护区之一。

可可西里地处青藏高原中部核心区域,是青藏高原最高的丘陵山地与盆地区域,平均海拔 5000 米左右。区内自然环境恶劣,发育大片连续的高含冰量多年冻土,具有典型的"高""冷"特点。在青藏高原气候暖湿化的大背景下,可可西里的多年冻土也开始升温,沉卧万年的地下冰开始融化,进一步改变着原始的表层生态环境,对区内生态环境保护、国家公园建设、冻土工程基础设施稳定以及当地牧民的生活生产均造成显著影响。

本书编写团队获得第二次青藏高原综合科学考察研究、国家自然科学基金等项目的共同资助,在可可西里索南达杰自然保护站等单位的协助下,历经数年多次开展了这一地区的科学考察研究。特别是 2020—2021 年,团队曾三次组织考察队,深入可可西里腹地的北部、中部和南部的部分地带开展考察,力求揭开可可西里高冷而神秘的面纱,探究可可西里多年冻土及其环境在过去发生的和现在正在发生着的变化。

本书用图文并茂的方式展开可可西里的考察和见闻画卷，首先介绍了青藏高原和可可西里的基本概况，接着记录了如何走近"高冷"的可可西里，可可西里大地上广泛发育的多年冻土，受冻融过程影响所诱发的各种各样的冷生景观，还有可可西里特有的动植物，可可西里近些年来的人类活动、工程建设、人文景观……以近年来对可可西里多年冻土与冰冻环境考察为主线，记录了开展这一区域考察工作中的日常点滴、特殊的自然条件、冻土环境灾变的过程、规模、演化趋势等。

深入阅读，简洁精练的文字展示了基础的科学考察工作，为读者朋友介绍科研工作者眼中的可可西里；随手翻阅，数百张图片配以通俗的解说，希望读者朋友能从不同的角度认识可可西里，领略"高冷"的可可西里。

走近"高冷"的可可西里，对于探险者来说，更多是对"无人区"的好奇和极限环境带给探险者的挑战，是对自身和大自然的广泛探索。然而，对于科研工作者，第二次青藏高原综合科学考察研究为什么要把"生命的禁区"可可西里作为考察的重点区域之一，本书能给你些许的答案。

期望本书对青少年科学普及有所裨益，此外可作为从事青藏高原可可西里相关工作的科普资料，也对青藏高原旅游具有一定的指导意义。当然，也希望读者在阅读此书后，能够在进一步认识到保护"人类最后一片净土"的同时，意识到保护地球就是保护人类自己。

前言
冻土与我们的生活

冻土这个词语对我们绝大多数人来说是陌生的,然而即便如此"冷门"的学科以及相关的科学研究,却与气候变化、交通安全等人类的生活息息相关。其实,冻土就在我们身边。

说起冻土,大部分人是从字面上理解它的意思——冻结的土层。从词源来说,该词出自萨米语"tūndra",意为没有树的平原;从专业的角度讲,地质学家将0℃以下并含有冰的各种岩石和土壤的土层叫作冻土。冻土没有雪山的既视感,踩在脚下硬邦邦的土地,隔着厚厚的土层,故而没有直观的感受。然而,冻土面积约占陆地面积的75%,而多年冻土覆盖了北半球陆地面积的24%。因而冻土在我们生活中有着重要的作用。

冻土是地球表层环境的重要组成部分,与人类社会存在着紧密联系。地球五大圈层,冰冻圈、水圈、大气圈、生物圈和岩石圈,冻土是冰冻圈重要的组成部分,与水和空气等同样重要。

冻土是全球重要的碳库。环北极地区的一项估算表明,多年冻土及活动层中存储的有机碳总量可达 16 000 亿吨,再加上青藏高原多年冻土区中存储的有机碳总量之后,这一数值升至约 18 000 亿吨,这个量级相当于大气中碳总量的两倍多。这些碳如果大规模释放到大气中,将对气候产生严重影响。

青藏高原多年冻土区是"亚洲水塔"的核心区,储存着大量的固态水资源。长江黄河都发育于青藏高原,源头地区流经了大片多年冻土区,冻土变化对中国乃至亚洲的水资源储量有着重大的影响。

冻土区关乎着牧民的生计,影响着高原畜牧业的发展。广袤的高原冻土区是牛羊的主要牧场,冻土区的水文变化影响着当地的植被,也对畜牧业产生着重要影响。

冻土环境的变化可能会导致冻土区地表的荒漠化加剧，或引发一些地表灾害。冻土的变化也影响了寒区工程，如道路、房屋等的稳定。在进藏的路途中，我们会经常遇到路面起伏不平的问题，正是因为路基受到了冻土冻融作用的影响。

青藏高原冻土区生活着大量的特有动物，作为这些动物的栖息家园，冻土区的破坏将会对生态系统的平衡产生重大影响。冻土区冻结土壤中还可能封存着大量的远古菌株等，如果解封，有可能对现有生态产生重大影响。

青藏高原冻土区有着丰富的矿产资源，资源开发利用面临着诸多冻土问题。

总之，冻土与人们的生活密切相关，著名的青藏公路、青藏铁路、输变电线路等重大工程修筑于冻土之上，冻土的变化也关联着区域水环境、生态环境、地表环境的变化。基于此，第二次青藏高原冻土冻融灾害考察的主要任务是"摸本底"，搞清楚冻土区冻融灾害的基本信息，有多少面积，产生什么样的影响；"查变化"，了解现状与未来，为可能引起的变化做出应对；"明机理"，阐明冻融灾害发育的过程及机制。通过科考，以期更好地实现冻土区的特殊功能：供给（水源、各种动植物、矿产）、调节（气候、水文、生态、地表景观）、文化（旅游、美学、宗教）、承载（交通、房屋）、支持（战略、资源）。

冻土区承载了很多人的美好幻想，可可西里、唐古拉等都是美丽神秘的代名词，这些地方都位于冻土区，对冻土区的保护就是对"地球净土"的保护。

目 录

- 第一章 青藏高原上的可可西里　1
  - 1. 地球第三极——青藏高原　3
  - 2. 高原心脏——蓝色的可可西里　27
- 第二章 走近高冷的可可西里　37
  - 3. 走进可可西里　40
  - 4. 野外生活和科考工作　56
- 第三章 可可西里独特的地质地貌　93
  - 5. 可可西里的地貌　97
  - 6. 可可西里的土壤　123
  - 7. 可可西里的地质　140
- 第四章 冰冷的可可西里　151
  - 8. 关于冻土　153
  - 9. 多年冻土的冻融　160
  - 10. 多年冻土中的地下冰　170
- 第五章 冻融改造中的可可西里　185
  - 11. 热融改造　188
  - 12. 冻胀改造　244
  - 13. 循环冻融改造　270
- 第六章 可可西里稀有的动植物　291
  - 14. 植物　293
  - 15. 动物　323
- 第七章 多姿多彩的可可西里　347
  - 16. 人类活动　348
  - 17. 风土民俗　395
- 结语 写给读者的话　406

第一章

青藏高原上的可可西里

可可西里，一个美丽而神秘的地方。

她地处青藏高原的中部，是中国四大无人区之一。

著名的青藏铁路从她的东边穿过。

从这里开始，让我们一起揭开她神秘的面纱。

青藏高原上的
可可西里

1. 地球第三极——青藏高原

  青藏高原的诞生

  青藏高原的自然环境

  变化着的青藏高原

2. 高原心脏——蓝色的可可西里

  高原腹地的可可西里

  可可西里的自然环境

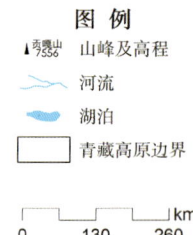

地球第三极——青藏高原

雄伟的青藏高原耸立在中国的西部，北有昆仑山和祁连山，南有喜马拉雅山，西起喀喇昆仑，东抵横断山脉，东西长约 2800 千米，南北宽 300~1500 千米，面积约 250 万平方千米，约占中国陆地面积的 1/4。青藏高原平均海拔在 4000 米以上，素有"世界屋脊"之称。

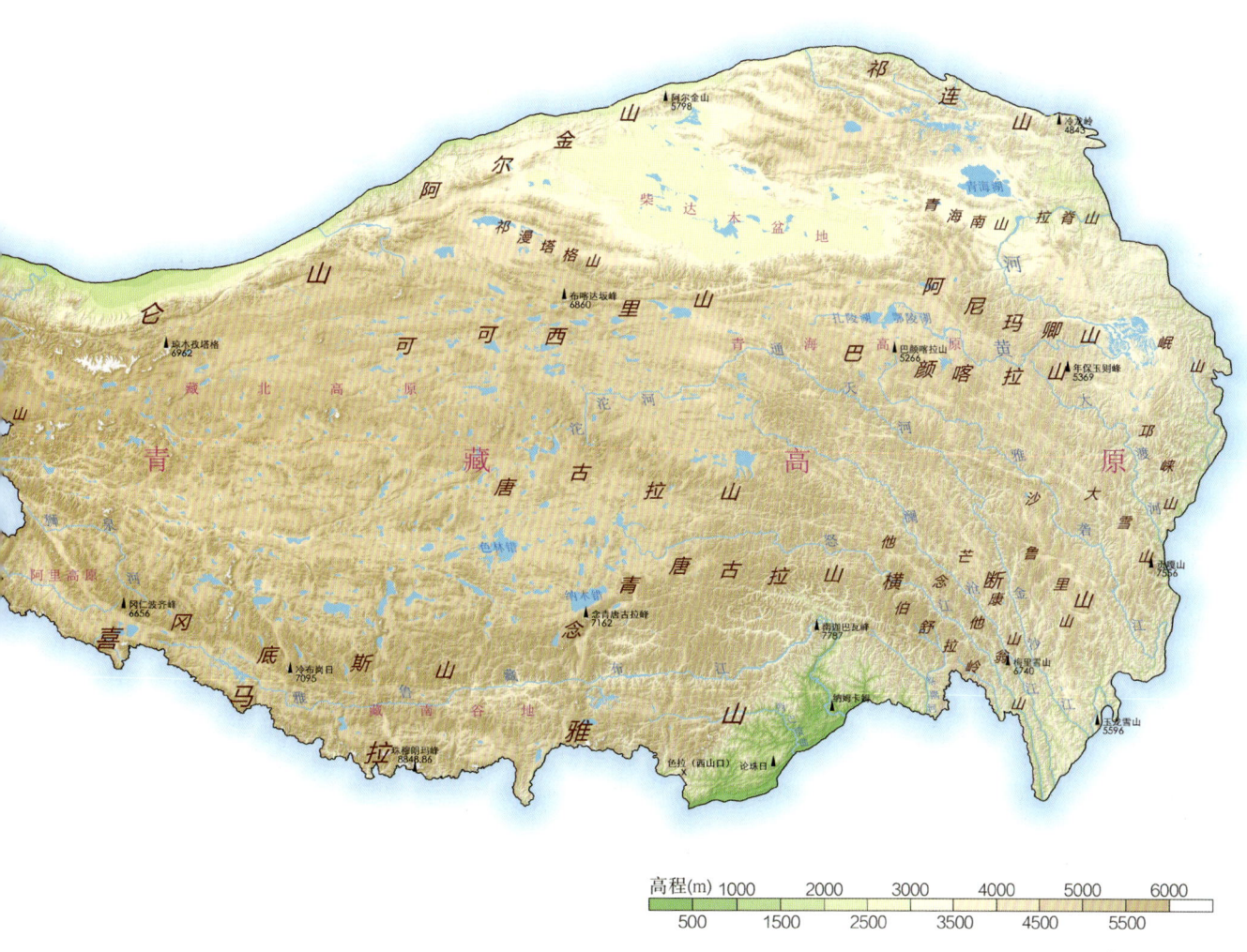

青藏高原总体图

青藏高原基本的地貌单元包括起伏的高山、极高山以及高海拔丘陵、平原、台地等。在地形上可分为藏北高原、藏南谷地、柴达木盆地、祁连山地、青海高原和川藏高山峡谷区等 6 个部分。青藏高原绝大部分位于中国境内，包括西藏全部和青海、新疆、甘肃、四川、云南的部分地区。此图所采用的数据均来自国家青藏高原科学数据中心。其中具体范围绘制据张镱锂等的研究（2019）；数字高程（DEM）绘制据汤国安等的研究（2019）；基础地理数据依据杨雅萍等的研究（2021）。

青藏高原的诞生

高原的隆升

青藏高原是世界上最年轻的高原，仅为地球年龄的1/1500，隆起于距今340万年前，至今仍在缓慢地上升。

青藏高原的隆升是地球历史上的巨大事件，不仅改变了整个亚洲的地貌格局、水系发育，也改变了整个亚洲的地理环境格局，并对全球环境产生深远影响。青藏高原是印度板块与亚欧板块碰撞后持续挤压隆升的结果，是一个多阶段的、不等速的、非均变的过程。

从5000万年前至今，缘起于欧亚板块与印度板块的碰撞，在不断碰撞、不断夷平的过程中，经历海洋（特提斯海）—陆地和低地—高地的演化进程，地球上最高、地壳最厚、最年轻的高原——青藏高原诞生了。

阶段	描述	名称	时间
第1阶段	板块碰撞。印度板块向北运动，5000万年前左右时与亚欧板块相撞，西北角最先碰撞，但这次相撞并非全面碰撞。	印度板块与亚欧板块的碰撞	距今5000万年左右
第2阶段	板块缝合。两板块碰撞之后，板块继续保持原运动状态，经历的时间大约为距今5000万~3300万年，这一时期两大陆之间的海洋逐渐缩小，海水退却，大陆连成一块。	亚欧大陆与印度大陆进入缝合阶段	距今5000万~3300万年
第3阶段	板块缝合后隆起。两大陆连为一体后，开始缓慢隆起，亚欧大陆出现横贯东西的巨大山脉。青藏高原则出现一系列东西走向的褶皱山系，喜马拉雅山系成型，高原出现季风气候。这一时期称为"喜马拉雅运动"。这一时期的高原经历两次隆升，两次夷平，隆升时海拔高度为2000米左右，后夷平至1000米以下。	"喜马拉雅运动"期两隆升两夷平	距今3300万~340万年
第4阶段	板块再隆起。发生在距今340万~170万年，青藏高原地区平均海拔从1000米左右上升到2000米以上，此时青藏高原已经形成，这次上升运动被称为"青藏运动"。	"青藏运动"期高原又开始上升	距今340万~170万年
第5阶段	高原强烈隆起。发生于距今120万~60万年，高原平均海拔从2000米升到3000米以上，部分地区进入冰冻圈。这一时期典型的事件为昆仑山的强烈隆升和黄河切穿三门峡入海，因而被命名为"昆黄运动"。	"昆黄运动"期高原强烈隆升	距今120万~60万年
第6阶段	最后一阶段，强烈隆升期。15万年前至今，特别是1万年前，高原抬升速度更快，曾达到每年7厘米。到现在，高原平均高度达到4500米，形成了全世界最高、最年轻的高原。	高原抬升速度更快，达到平均4500米	15万年前至今

青藏高原形成过程

据李吉均等的研究（1979）

航拍青藏高原

青藏高原是中国面积最大、世界上海拔最高、地质构造最活跃、气候类型最为复杂和动植物种类极其丰富的高原。青藏高原上生长着无数的珍稀动植物，被人们称为"高原物种基因库""动植物天堂"等。

青藏高原

青藏高原平均海拔4000米以上，地势高，多雪山冰川。是世界上海拔最高、地质构造最活跃、气候类型最为复杂的高原。

什么是高原

高原是海拔在500米以上、面积较大、顶面起伏较小、外围又较陡的高地。

世界各地都有高原。世界上最高的高原是中国的青藏高原，面积最大的高原为南极冰雪高原，但由于南极无人居住，巴西高原被称为世界上最大的高原。

中国有四大高原，即青藏高原、黄土高原、内蒙古高原和云贵高原。

黄土高原海拔800~2500米，是世界上著名的大面积黄土覆盖的高原，由西北向东南倾斜，沟壑纵横。

内蒙古高原海拔1000~1200米，是蒙古高原的一部分，高原地面坦荡完整，起伏和缓。

云贵高原海拔1000~2000米，地形崎岖不平，多峡谷及典型的喀斯特地貌。

青藏高原是地球第三极，是亚洲水塔，是中国重要的生态安全屏障。青藏高原的气候变化不仅直接驱动中国东部和西南部气候的变化，而且对北半球具有巨大的影响，甚至对全球的气候变化也具有明显的敏感性、超前性和调节性，被称为北半球气候变化的"启动器"和"调节器"。

青藏高原的自然环境

近数百万年来的强烈隆起，导致高原本身自然环境急剧演变，加之全球性冰期与间冰期气候冷暖波动的影响，造就了高原独特的自然特征和空间分异规律，青藏高原是全球海拔最高的巨型构造地貌单元，独有的海拔高度造就了青藏高原独特的高原环境。

区别

高原环境与平原环境最大的区别是什么？

高原与平原的主要区别是高原海拔较高，以完整的大面积隆起区别于平原。

高原环境的特点是：低气压、低氧、湿度低、风沙大、日照时间长、昼夜温差大、太阳辐射强、紫外线辐射量及宇宙射线辐射量高。

当长期居住在低海拔的人到达一定的海拔高度（约2700米）时会产生高原反应。

青藏高原为青藏高寒区，与东部季风区、西北干旱半干旱区构成中国三大自然区。青藏高原基本的自然特征包括：

① 地势高亢、历史年轻；
② 辐射强、气温低、温差大；
③ 冰雪与寒冻作用普遍；
④ 高寒动植物地理和生态相适应现象；
⑤ 垂直分带与水平分带紧密结合；
⑥ 人口密度小，人为因素对自然环境的影响较弱。

气候特征

青藏高原年平均气温

青藏高原具有水热同季的气候环境特征。降水主要发生在夏季（6~9月），10月至次年5月的降水相对较少。

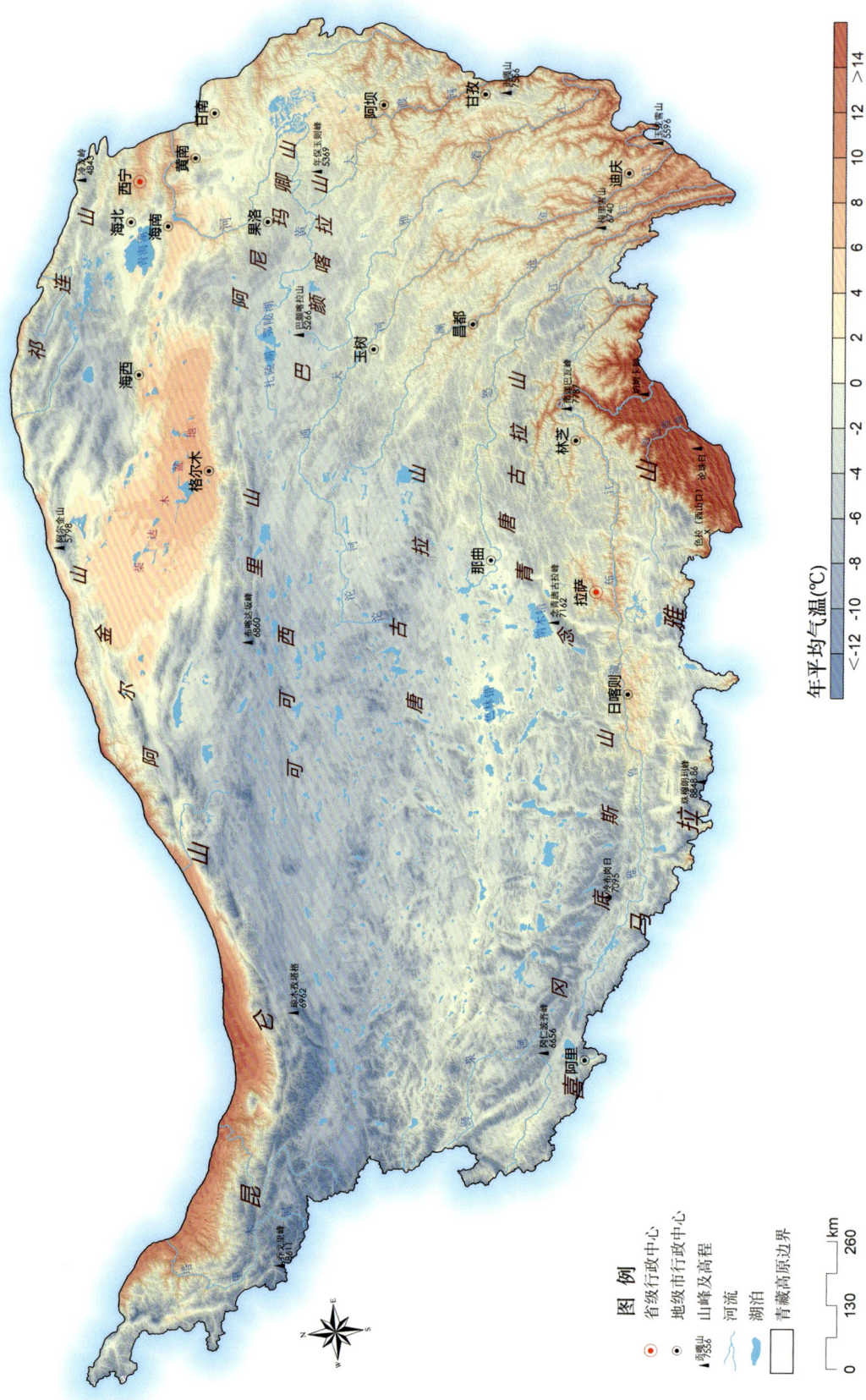

青藏高原年平均气温

青藏高原年平均降水量

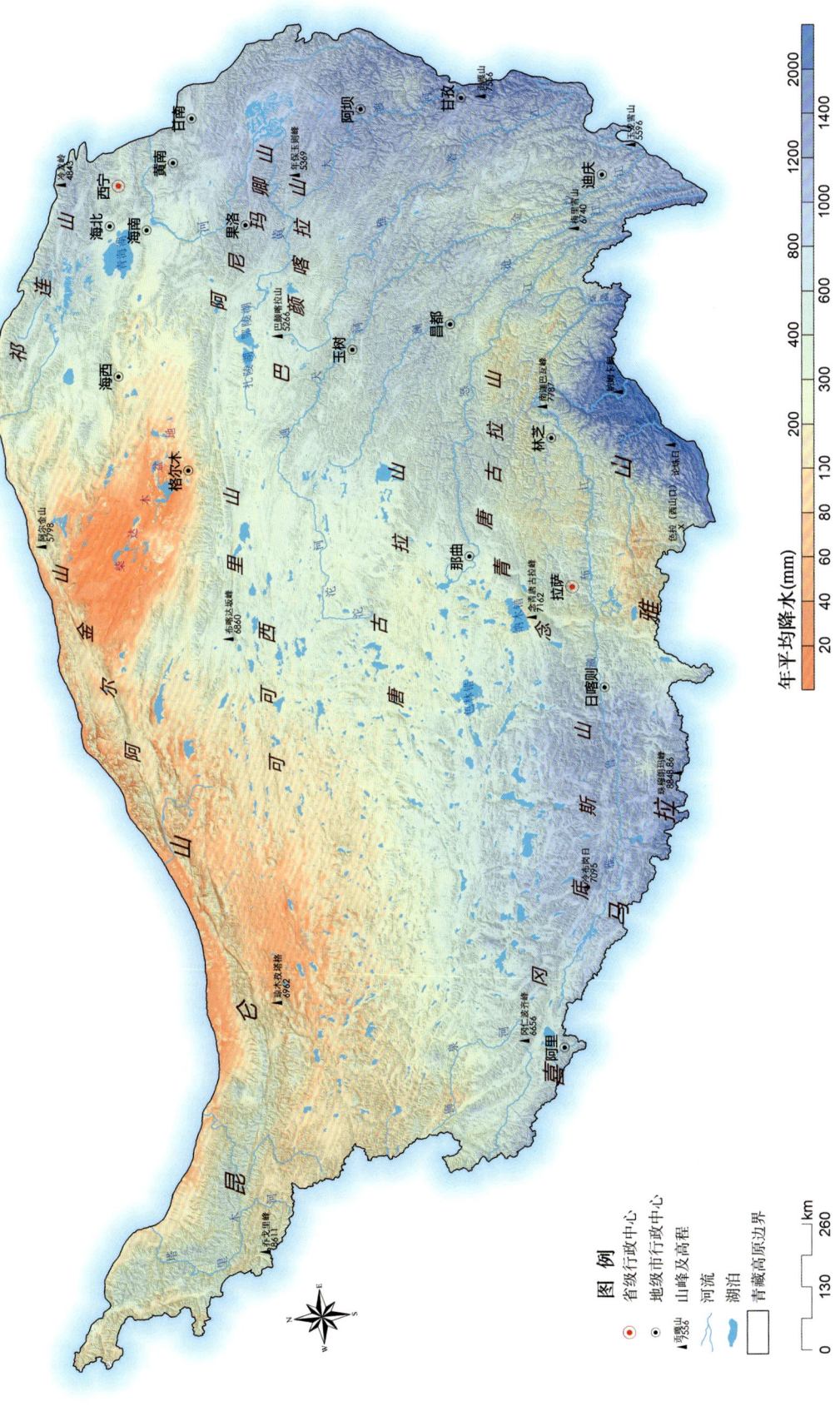

高亢的高原阻挡了来自大洋的水汽，使青藏高原地区干旱少雨。

整体上，青藏高原的降雨从东到西、从南到北逐渐减小。降雨最少的区域位于高原北部的柴达木盆地和昆仑山西部，前者主要由于四面高山阻隔水汽，后者主要受海拔的影响。

近年来青藏高原地区降水量整体呈增加趋势。从空间分布上，祁连山地区和江河源区的多年冻土区年均降水量在过去 50 年的增加趋势较为明显，其中有些区域甚至达到了 27 毫米 / 年的增加量。高原西部地区及喜马拉雅山区的降水量有减少趋势。从四季的降水变化看，春冬季降水增加趋势最明显。

青藏高原与周边地区有巨大的地势差，水汽拦截作用显著，是北极和南极之外最大的淡水储备库，是江河源头、湖泊、冰川和多年冻土的主要聚集区，是中国甚至亚洲水资源产生、赋存和运移的战略要地，被形象地称为"亚洲水塔"。

大气环流和高原地势格局的制约使得青藏高原产生了自然地域分异，形成了独特的水热状况、自然景观地域组合。

高原边缘区黄河青黄交汇段

河流湖泊

青藏高原抬升在长时间尺度和大空间尺度上影响了河流地貌发育过程，这种独特影响在高原边缘尤为强烈。

在内外营力共同作用下，高原边缘形成众多的深切峡谷，经长期演化，青藏高原上发育了长江、黄河、澜沧江、怒江、雅鲁藏布江等10余条世界上著名的大江大河，还有发源于高山冰雪、注入内陆湖泊或消失在干涸湖盆中的内流河以及一些雨季流量大增而旱季骤减或断流的季节性时令河。

帕隆藏布江

雅鲁藏布江中游

澜沧江

岷江上游

长江

怒江

青藏高原湖泊众多，储存了大量的水资源。近年来，由于气候变暖，青藏高原的湖泊数量和面积均有迅速增加的趋势。

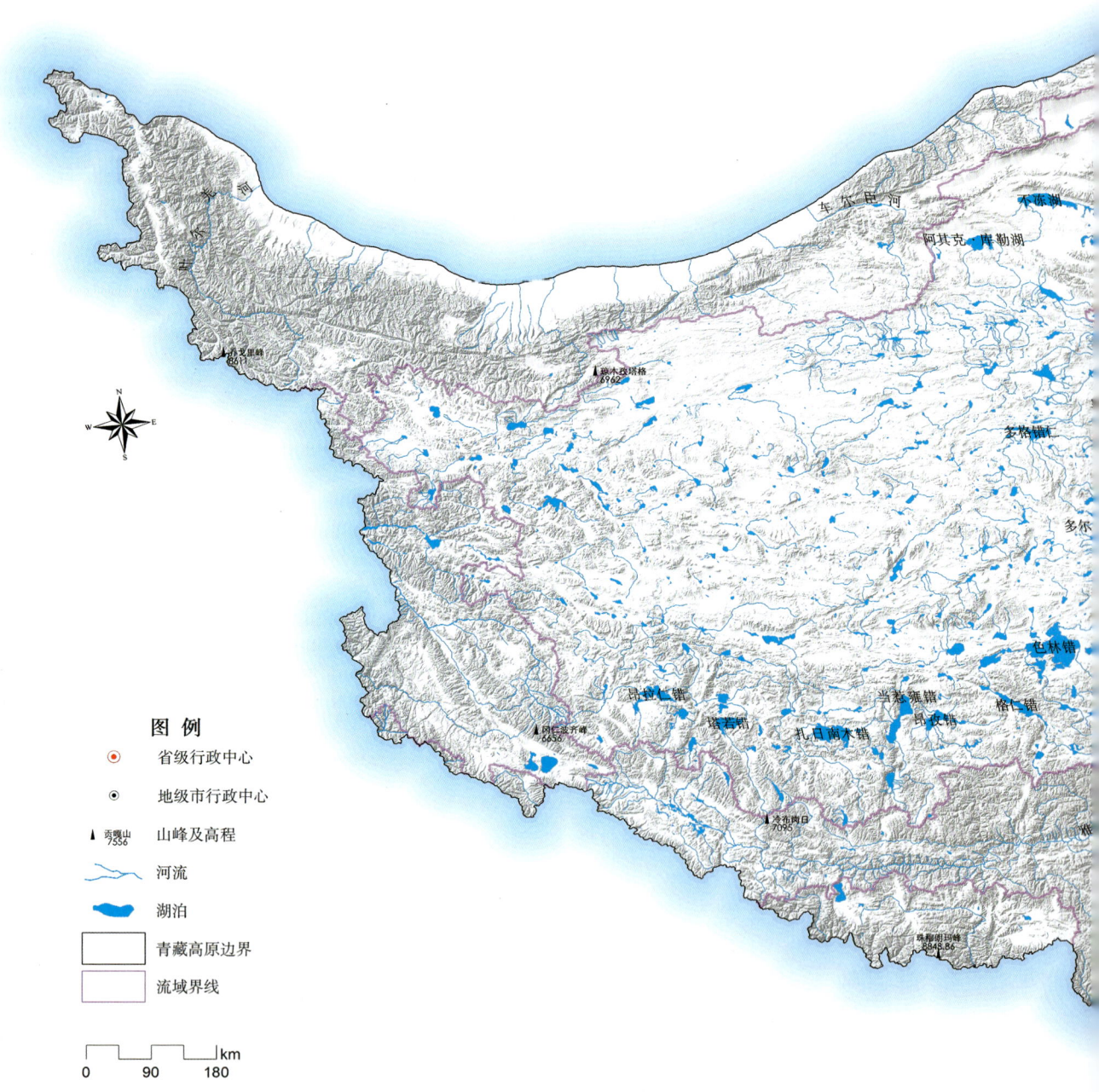

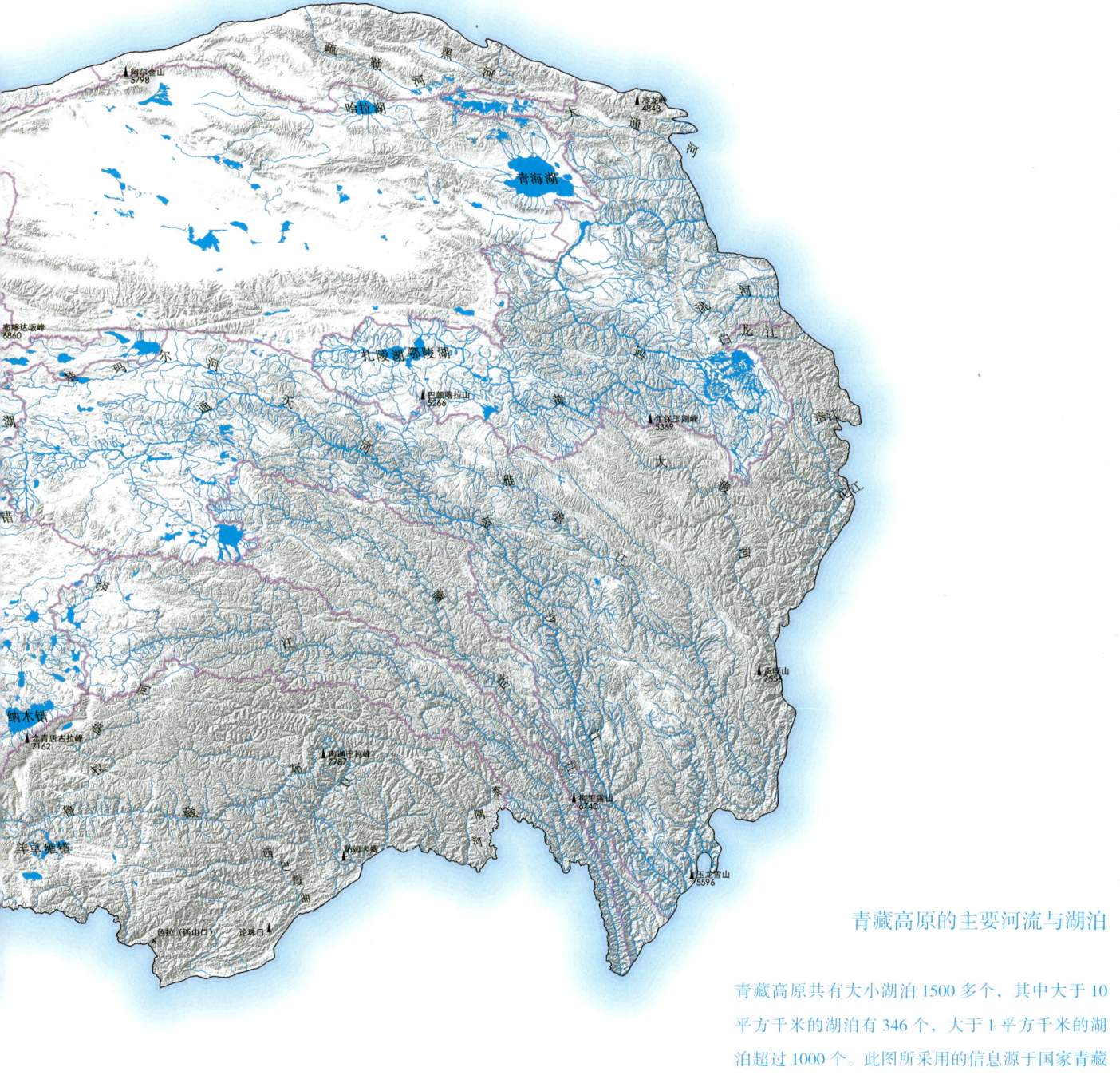

青藏高原的主要河流与湖泊

青藏高原共有大小湖泊 1500 多个，其中大于 10 平方千米的湖泊有 346 个，大于 1 平方千米的湖泊超过 1000 个。此图所采用的信息源于国家青藏高原科学数据中心，据杨雅萍等的研究（2021）。

青藏高原上的大小湖泊有1500多个，湖泊类型以咸水湖和盐湖为主，较著名的湖泊有纳木错、青海湖、察尔汗盐湖、鄂陵湖等。

鄂陵湖

纳木错

卡萨湖

易贡湖

分类

湖泊的分类：
湖泊按盐度高低分为淡水湖、咸水湖和盐湖。

淡水湖是湖水矿化度小于1克/升的湖泊。世界上最大的淡水湖是苏必利尔湖（面积达8.2万平方千米）。中国第一大淡水湖是鄱阳湖。

咸水湖是湖水矿化度在1~35克/升的湖泊。世界上最大的咸水湖是里海（面积达38.6万平方千米），位于欧洲和亚洲的内陆交界处。中国最大的咸水湖是青海湖。

盐湖是湖水矿化度大于35克/升的湖泊。中国最大的盐湖，也是世界上最大的盐湖是察尔汗盐湖。

察尔汗盐湖
察尔汗是蒙古语，意为"盐泽"，地处戈壁瀚海，总面积达5856平方千米，远远望去，就像是一片汪洋大海。

青海湖
面积 4625.6 平方千米，深度最大为 32.8 米。青海湖的湖水味道偏咸，带点苦味，比重高于淡水低于海水，每升湖水含盐量是 12.5 克。

鄱阳湖
鄱阳湖面积 3150 平方千米，是长江中下游主要支流之一，也是长江流域的一个过水性、吞吐型、季节性重要湖泊，是中国第一大淡水湖。

雪山圣湖

走近高冷的
可可西里

来古冰川

梅里雪山

多年冻土岩芯

冰川冻土

青藏高原有大量的冰川覆盖。据统计，目前青藏高原发育的冰川有4万多条，是除南北极以外的最大冰盖聚集区，冰川在青藏高原水资源总量和冰水循环中占有重要的地位。

青藏高原被称为"最后的净土"。事实上，这片"净土"的很多土壤都是冻土。青藏高原拥有世界中低纬度地区分布范围最广的多年冻土区，多年冻土面积占全国冻土面积的70%以上，蕴含的地下冰储量相当可观。

变化着的青藏高原

近百年来,随着全球变暖,青藏高原气温显示快速升高特征。**特**别是从20世纪五六十年代开始至今,青藏高原气温的升温率为每10年0.3~0.4℃,大约是全球同期升温率的2倍。

青藏高原冬季升温更为突出,升温率的空间变化较大,北部升温明显大于南部。青藏高原及其周边地区的升温率随海拔升高而增加,4800米以下范围的升温率差异更为明显。青藏高原气温变化呈现了不对称的模式,即日最低温变化率远大于日最高温变化率。极端冷天气数减少,同时热天气数增加。

青藏高原在未来100年气温可能将上升4℃,最低气温的升高比最高气温快,冬季升温比夏季快。

青藏高原的气候演变

青藏高原的气候演变是与其隆升历史相对应的,近数百万年来的强烈隆起,导致高原本身自然环境的急剧演变,加之全球性冰期与间冰期气候冷暖波动的影响,造就了高原独特的自然特征和空间分异规律,其自然景观朝干寒化发展。

新生代之前,青藏地区为一望无际的海洋,属于热带海洋性气候。进入新生代始新世时,古特提斯海急速退缩,大面积陆地露出水面,青藏地区为有水有陆,尚未全部隆起。

进入第三纪上新世,古特提斯海已从青藏地区东西方向撤出,陆地面积扩张,结束了海浸时代,原始高原面(大约1000米)已全部露出。此时因海拔不高,行星风系以平直西风为主,青藏地区的热带海洋性气候被中纬度副热带干旱气候取代。青藏地区形成一条宽阔的干燥地带,属于热带温暖半干旱气候。

随着高原不断隆起,高原面抬升到海拔2000~3000米时,青藏高原的气候趋于寒冷。因多种因素的综合影响,青藏高原气温降低,冰川发育向较低的河谷推进,使高原进入晚更新世的白玉冰期。

当全球进入冰后期,青藏高原海拔4000米,在距今7000~3500年,气温比当今高出3~5℃,降水也较当今丰富。此时青藏高原冰川大量退缩,多年冻土自上而下融化。

继气候适宜期之后,高原进入新冰期,气温显著下降,尤其是17世纪中期为近数百年来最寒冷期,年平均气温要比现今低1℃左右。直到19世纪前期高原以维持偏冷为主,冰川继续向前推进。近百年高原进入升温干旱期,温度明显上升。

青藏高原多年冻土层上变形的国道路面

高原心脏 2
——蓝色的可可西里

青藏高原腹地的可可西里

可可西里蒙语意为"青色的山梁",藏语称其为"阿钦公加",即北部昆仑山下那片荒凉的土地。恶劣的生存条件造就了可可西里成为中国最大的无人区,也被称为"生命的禁区"。

可可西里在青藏高原的地理位置

可可西里地处青海省境内,是国家级自然保护区。北至昆仑山脉的博卡雷克塔克山,南到格尔木市唐古拉山乡与治多县界,东至青藏公路沿线,西抵青海西藏省界,总面积约8.3万平方千米。此图可可西里边界的绘制依据李炳元、顾国安、李树德等的研究(1996)。

可可西里的自然环境

可可西里高寒干燥，严重缺氧，自然环境恶劣。因海拔高、气候干旱寒冷，形成了典型的高寒气候特征。

由于海拔较高，大部分地区热量不足，谷物难以成熟，只宜放牧。畜牧以耐高寒的牦牛、藏绵羊和藏山羊为主。

这里除了其东缘南北纵贯的青藏工程走廊（青藏铁路、青藏公路所在的廊道）有人类活动外，基本上为无人常年居住的区域，甚至连流动放牧也仅限于其东南边缘。人类活动对自然环境的影响极其微弱，自然环境基本上保持着原始的天然状态。

高寒气候的另一特点是太阳辐射强，直接辐射所占比例均在56%以上。

此外，可可西里是青藏高原乃至全国风速高值区之一。在西金乌兰湖附近，年平均风速可达8.0米/秒。

由于地势开阔、高空西风强劲，风蚀作用使地表粗化现象十分普遍，显示了寒冷半干旱环境的气候地貌特征。

高寒

高寒是气候特征的一种。指由于海拔高或者因为纬度高而形成的特别寒冷的气候区。

海拔高而气候寒冷是因为人类主要生活在地球表层的对流层大气圈内，在本圈内，气温的高低变化与海拔高低呈一定关系，即海拔平均每升高100米，气温要下降约0.6℃。因此，按照这个道理，海拔越高的地方，气候就越寒冷。所谓"高处不胜寒"就是这个意思。因纬度高而气候寒冷最典型的代表就是南极大陆冰雪高原和北极圈冻土高原。

新月形沙丘

高平原

可可西里的自然景观群像

湖泊

河流

缓坦的高原地貌、普遍的寒冻作用和高寒土壤等，可可西里地区自然环境在许多方面都具有典型的高原特色。虽然可可西里地区海拔高，但相对起伏较小，一般仅有300~600米的高差，地势开阔平坦，地形起伏和缓，成为青藏高原原始高原面保存最完整的地区之一。

可可西里

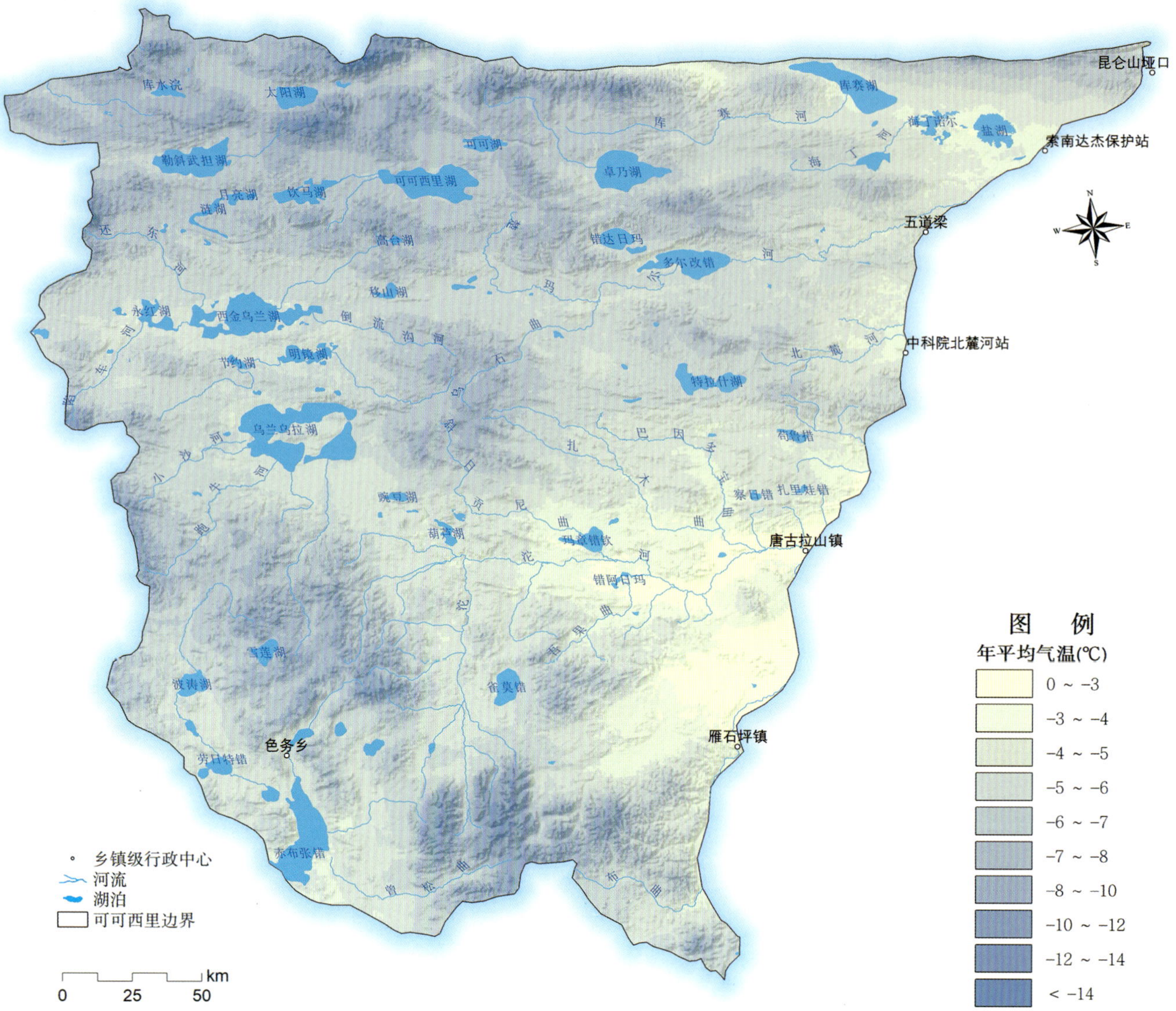

可可西里年平均气温

可可西里年均气温为 –15~–2℃，极端最低气温为 –46.2℃。分布趋势是由东南向西北逐渐降温，最冷月出现在1月，最暖月在7~8月，月平均温度不足10℃。此图的年平均气温信息源于国家气象科学数据中心。

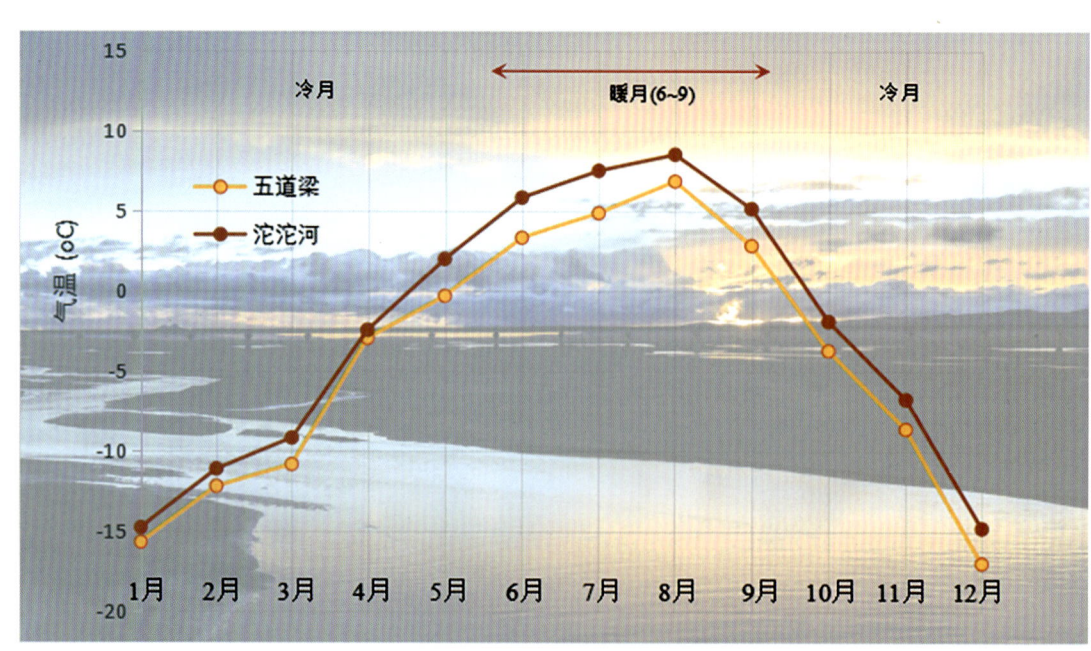

可可西里东部边缘的五道梁和沱沱河气象站2019年逐月平均气温图

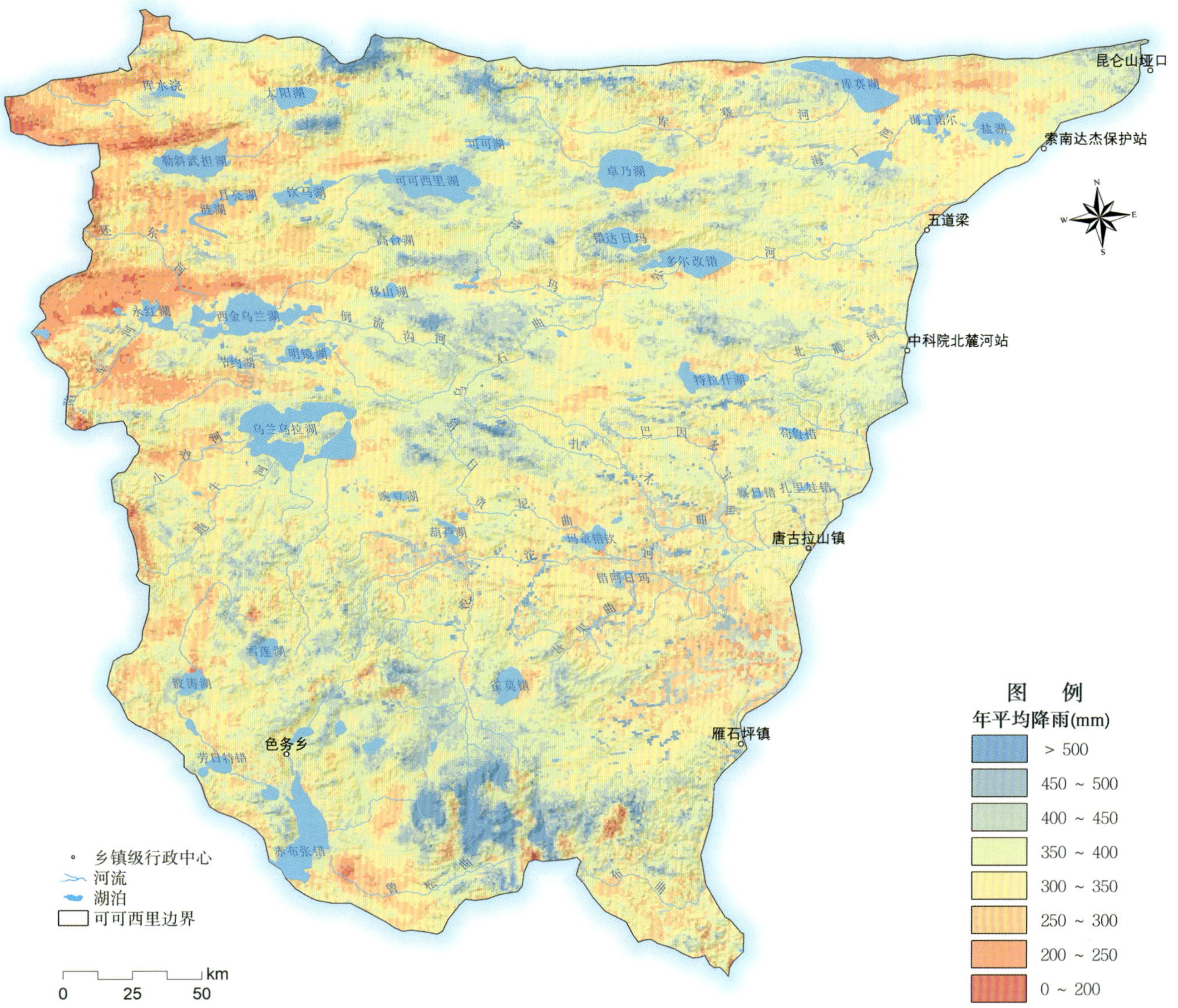

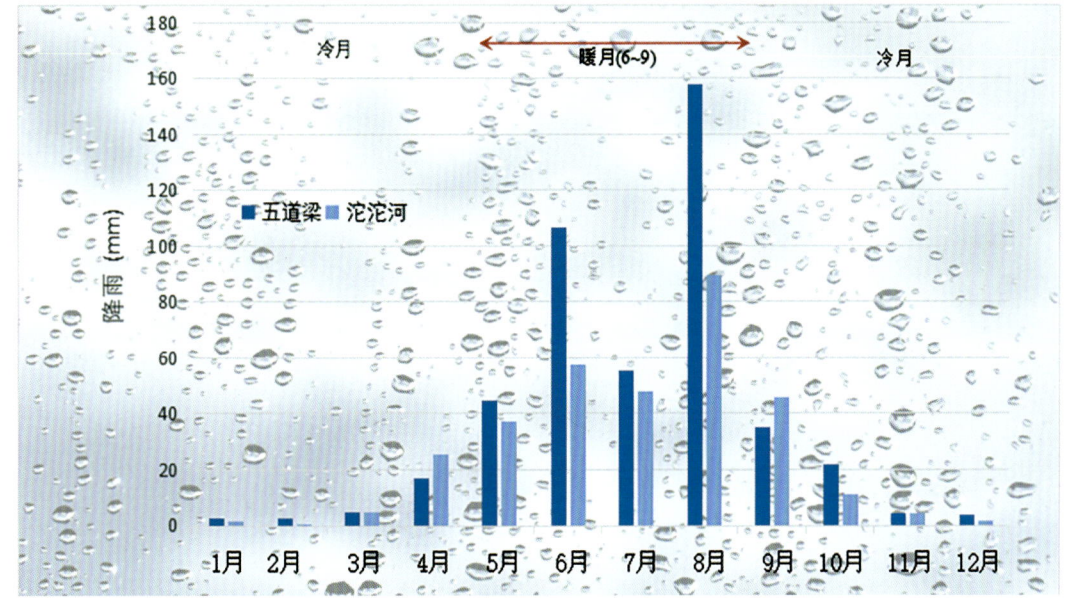

可可西里年平均降水量

可可西里年均降水量在173~495毫米，在空间分布上具有自东南向西北逐渐减少的特点。降水主要集中在5~9月，占全年降水量的90%以上。信息源于国家气象科学数据中心。

可可西里东部边缘的五道梁和沱沱河气象站2019年逐月平均降雨量柱状图

走近高冷的
可可西里

可可西里山

可可西里是中低纬度地区最大的冻土分布区。由于高原上太阳直接辐射强，夜间有效辐射也大，因而地表温度日变化大，且经常出现正负温度频繁交替的现象，寒冻作用成为这里非常普遍的地貌外营力。现代冰川仅在少数高山、极高山上分布，以大陆性冰川为主。冻胀作用、冰融作用、寒冻风化作用等形成了多种多样的冰缘地貌。

走近高冷的
可可西里

第二章

走近高冷的可可西里

可可西里是原始的，是神秘的，也是令人向往的；是天然的，也是生机勃勃的；

是美丽的，也是危险的；是令人淡泊宁静的，也是值得探索的……

科考队员去这里看到了什么？做了什么？

让我们一起追随科考队员的脚步，透过他们的视角，共同走近高冷的可可西里。

引子

一次寻常的科考

2021年1月,受第二次青藏高原综合科学考察等项目资助,中国科学院西北生态环境资源研究院冻土工程国家重点实验室组织了可可西里冻土冻融灾害科学考察,本次考察有来自中国科学院西北生态环境资源研究院、四川大学、兰州大学、中国地质科学院地质力学研究所等单位的17名队员,在三江源国家公园管理局可可西里管理处索南达杰保护站工作人员的协助下,开展了为期15天的考察。考察队员深入可可西里腹地,考察了可可西里正在变化着的多年冻土、生态环境、冻融灾害……

可可西里是青藏高原国家公园群建设的核心区域和中国第51处世界遗产地,被誉为"生命的禁区"。可可西里高寒缺氧,除了零星流动居住的牧民,大部分区域无人居住,也无通行公路,即便是简易的便道也非常有限。可可西里也是大片连续的多年冻土分布区,行车对地表的扰动非常大,夏季冻土活动层融化后极易陷车,行程处处面临危险。此外,可可西里无任何网络信号,大型凶猛动物频出,出现危险时寻求救援将非常困难。因此,开展这一区域考察,无论是科考队员还是驾驶员都面临着巨大的心理和生理挑战。

前期开展细致的线路规划、申请得到管理部门的许可和协助、准备充足的装备和物资、进行全面的健康检查,以及鼓舞队员们强大的精神动力都是必不可少的。

走近高冷的可可西里

3. 走进可可西里

    线路规划

    许可审批

    动员大会

    物资准备

    坎坷路途

4. 野外生活和科考工作

    野外生活

    科学考察

走进可可西里

线路规划

精心的前期准备、科学的线路规划、明确的目标设定是野外科考工作的前提，准备工作要做到有的放矢，目的是在保障避免一些难以预测的危险的前提下，尽量对整个区域进行考察。

线路规划首先利用遥感资料对该区域进行全方位高精度解译，准确确定考察区域，确定考察对象和目标，然后根据地形地貌条件，规划能到达目的地的详细线路，并邀请熟悉当地环境的索南达杰自然保护站的同志协助执行。十多年来本团队为完成相关科研项目，每年对可可西里边缘的青藏工程走廊开展考察，2020—2021年共3次深入可可西里腹地进行了系统考察。

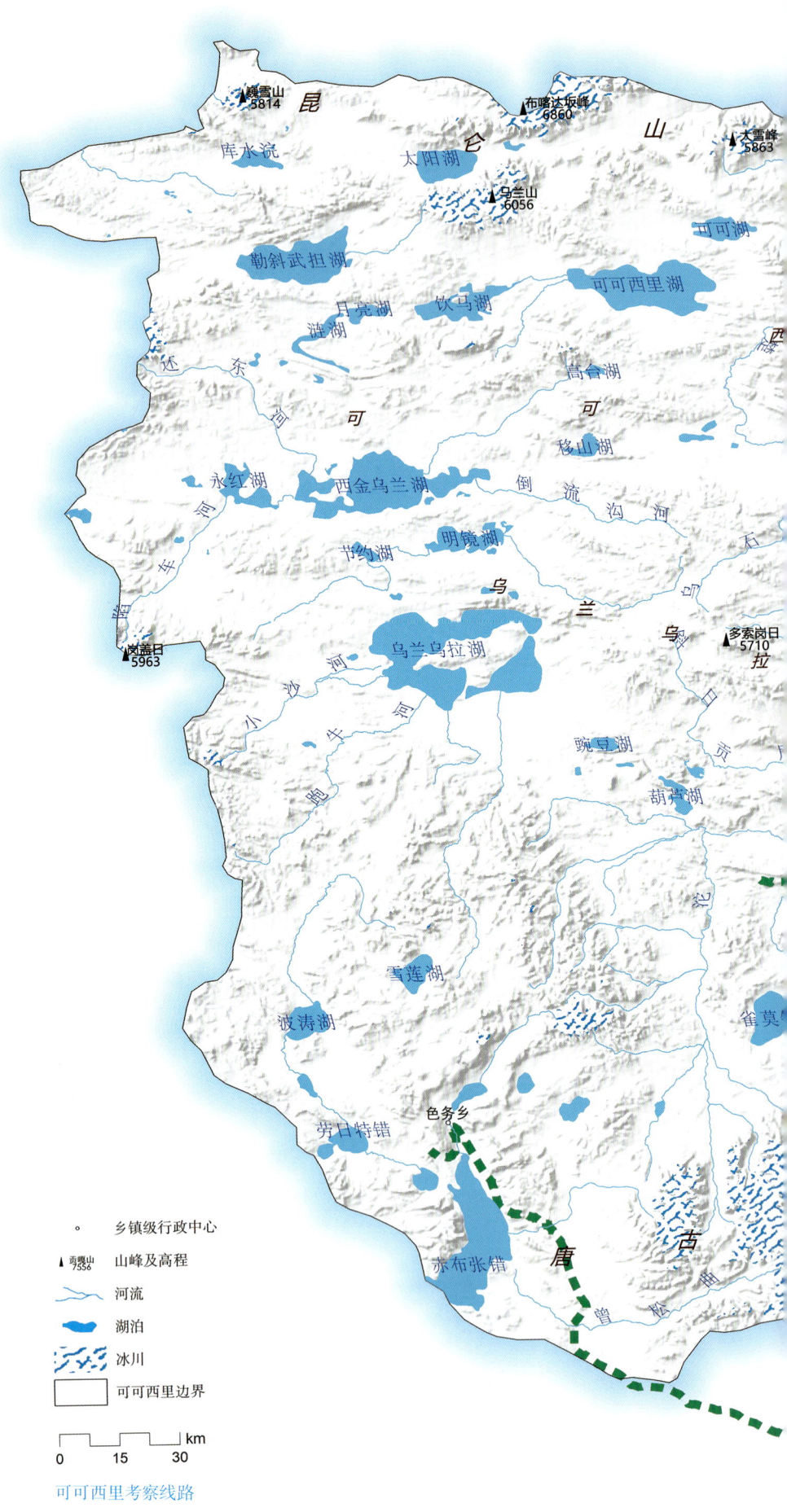

可可西里考察线路

卫星遥感图显示的可可西里山附近

什么是遥感技术

遥感技术是20世纪60年代兴起的一种探测技术，是根据电磁波的理论，应用各种传感仪器对远距离目标所辐射和反射的电磁波信息，进行收集、处理，并最后成像，从而对地面各种景物进行探测和识别的一种综合技术。

图 例
- 青藏公路(109国道)
- 第一次科考路线
- 第二次科考路线
- 第三次科考路线

许可审批

可可西里气候恶劣，区内灾难性事故时有发生，进入可可西里需要执行严格的审批程序，申请获得考察许可。科考队需要向管理部门提供考察内容、负责人、参与人、车辆信息、拟定线路、拟定日期等相关信息，待批复后方可按计划进行考察。

高冷的可可西里、神秘的可可西里、挑战极限的可可西里……无论怎样令人向往，也即使你有"诗和远方"的追求，但切记可可西里考察真的不是一次"说走就走"的旅行！

2021年1月8日　　多云转小雪　　　　前路

今天，我先行办理进入无人区的准备工作。这是小范第7次行驶在进藏的途中了，好像没什么特别，又好像处处都很特别。

车出兰州，上了高速，天还是灰蒙蒙的，现代工业化的城市，一个高耸的"火炬"——烟囱，送别了我们。西宁和兰州一样，高楼林立，现代化的气息扑面而来。车出了湟源开始爬山之后，景色突变，仿佛天空一下子就变得明净起来。以前总是匆匆而过，这次，车在日月山抛锚，有了长足的时间去感受。海拔达到3000米，到了传统的青藏高原边缘地区。特有的高原蓝，很低的云彩，似乎可以一下子就能摸到那些薄薄的云。地上有了一层雪，风将这些雪吹到了一起，没有遇见大雪，甚幸。

然而过了共和县城，风云突变，风沙裹挟着部分冰雪，一起袭来，高原的恶劣从此开始。青藏公路共和到格尔木段分布在柴达木盆地边缘，这里映入眼帘的苍凉能让人一下子想起王维的诗句"大漠孤烟直"。今天的云很厚，铺天盖地地压了下来。路上的积雪还未化开，只有车辆经常走的地方，才露出沥青路面。中间栅栏的雪堆积了起来，这些雪又会在上面停留一个冬天。要是车速过快，不小心开到了雪上，那么通常会发生车祸。我想起了上次行进在这条路上，短短的几百公里，遇见了三起车祸。为了安全，慢行变得必要。道路两旁分布着稀疏的草，但就是这种荒凉的地方，为国家提供了大量的矿产资源，被誉为"祖国的聚宝盆"。有时，能在车上看见成群的野骆驼，在沙漠里面穿行着。长长的高速上，大部分时间只有两三个服务区营业着，因此需要提前注意油，还需要在营业着的服务区加油。冬天的路上，车辆很少，在长达10小时的行车过程中，我们遇到的车辆，似乎双手数得过来。

晚上达到格尔木市，一天的跋涉也意味着结束。每次走这条路，都会有一种兴奋的感觉，我像一个朝圣者，又要去最高的地方，接触那种神秘。

记录人：范星文

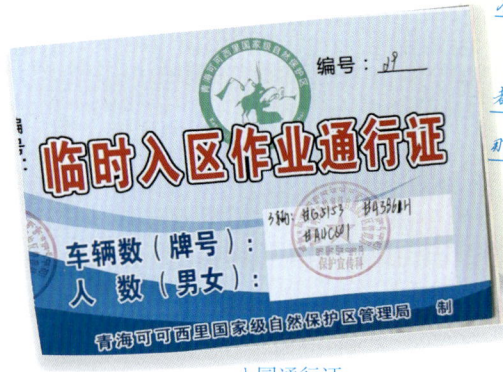

入园通行证

> 1月9日　　兰州　晴　　　飞赴格尔木
>
> 　　从今天开始，参与第二次青藏科考项目任务九地质环境与灾害之专题五——冻土冻融灾害及重大冻土工程病害，子专题五.可可西里关键区冻融灾害科学考察研究的队员们陆续赶赴格尔木。中午我们一行4人乘坐汽车至西宁曹家堡机场，再飞赴格尔木。受牛富俊研究员的委托，由本人承担这次科考的总负责，全面负责科考协调、科考规划、人员组织、后勤保障等，从内心讲压力不小。对于大的野外科考，2015年曾经组织过兰新高速铁路监测系统架设的野外工作，当时有15个人，夜间天窗工作，持续了40多天，难度较大，但那是在有人区，吃住及人身安全方面不需要太多操心。但这次我们的任务是深入可可西里腹地，是我国典型的四大无人区之首的地方，而且又是青藏高原一年中最冷的时候，队员中有来自北京和成都的"非老高原"，生活如何解决？高反严重了怎么办？特别是如果遇上一场大雪，铺天盖地，白茫茫一片，出不来怎么办？一路上满脑子都在考虑着这些困难，不停地预想如果遇到什么突发状况该如何应对。下午5点飞机安全抵达格尔木，入住格尔木美豪酒店。
>
> 　　　　　　　　　　　　　　　　　　　　　　　　　　　　　　记录人：林战举

路途

路途下雪时的景象

西北院科研处领导讲话

动员大会

　　可可西里考察大部分都是执行国家重大科研计划，从承担单位领导、管理部门到课题组长都非常重视。每次出队前都要召开动员大会并合影留念，一是鼓励队员的士气，二是"老高原"一般会讲一些高原野外生存和工作经验，叮嘱初次参加科考的队员们了解野外注意事项。总之，一切都是为了平安顺利地完成预先计划的科考任务。

1月11日 格尔木 晴 动员大会

今天科考队在格尔木开了一个简短的动员大会，会议室里面挂上了党旗、院旗及队旗，非常隆重。牛老师介绍了科考项目的要求并安排了相关主题及分工，林老师介绍了本次野外要求、重点区域以及相关的日程安排。尽管我对该区域有了一些了解和心理准备，听完老师的讲解后，我更深刻地了解了该区域生活环境的险恶。通常，恶劣的环境会激起人们强大的精神力量，我希望自己在克服艰苦之后，能细心地感受那片土地，有所思，有所想，有所感，有所做，为这片土地留下点什么。

会后，院里派来的两位领导为我们开了一次动员大会，陈处长讲道：今天天气很好，晴空万里，我受院领导委托，来这里为大家践行。这么好的天气预示着我们的考察一定会圆满成功。他激励队员们做到以下几点：

第一，一定要注意安全防护。你们即将要去的地方艰苦异常，你们即将经历的前所未有，你们即将做的事情将会开辟新篇章。在保证自身安全的情况下，再开展任务。

第二，一定要高度重视科考任务，争取获得好的成果。相信你们会取得重大的成绩，圆满完成科考任务。老一辈的青藏科考精神，也将在你们身上闪耀。

第三，一定要团结协作，亲如一家。姚檀栋院士说过，海拔上了3000米再无等级观念，大家都是平等的，相互协作，互帮互助，更好地完成这个事业。你们将在一起生活接近两周，共患难，互帮助，关心彼此。

最后，祝愿你们取得重大收获，平安归来，我在兰州等着你们！

领导的开场白似乎都大致相同，春天是春暖花开，万物复苏；秋天总是金秋十月，桂子飘香，其余时间总免不得夸夸天气。但这足以让我们感到振奋，第一次有那么大的阵势，为我们的前行，加油。会后，拍了合影，征程，从现在开始。

记录人：范星文

2021年1月冬季科考队员研读考察线路

2021年1月冬季科考牛富俊队长讲解相关要求

出发前队员在格尔木合影留念

2022年夏季考察出发前队员在北麓河站合影留念

卓乃湖西部合影留念

生活物资准备

装车

1月11日　格尔木　晴　　整装待发

　　下午的工作是装车，一项辛苦而又细致的工作。面对零乱、堆积如山的物品，需要整齐、有序的装进保障车里。让大家最头疼的事还是如何保证水果、蔬菜、鸡蛋等易冻食物不要被冻坏。1月份是高原一年中最冷的季节，据索南达杰保护站的袁警官（邀请的向导）介绍，卓乃湖一带晚上气温最低可达零下四十几摄氏度，白天最暖也在零下十几摄氏度，这个环境里食物、水大部分都会冻结。为此，大家都纷纷出谋划策，建议如何如何地保暖……老高原王小龙（我喜欢称他王瑟）还是很有经验，给大家介绍他曾经参与的珠峰科考是如何保存食物。为此，大家都照着他的建议去做。晚饭前，装车完成，一切就绪。

　　在此，我记录下在极端冷的环境下生活的几点常识：一生活用水尽量购买小瓶水，大桶水一旦冻住就无法使用，而小瓶水即便是冻了，用剪刀剪开把冰块直接放进壶里加热就可以；二不要购买需要清洗的菜品，就买洋葱、莲花菜、大白菜等刮了皮就可以炒的菜；三食物尽量多备点，青藏线上行车存在很多不确定性，青藏高原的天气就跟娃娃脸似的，说变就变，强阵雨雪、大冰雹说来就来。另外，高原路况较差，堵车、抛锚经常发生。

　　　　　　　　　　　　　　　　　　　　　　　　　　　　　　记录人：林战举

物资准备

进入可可西里后，基本无任何物资供应。因此物资准备是考察工作顺利开展的前提条件，也是确保队员安全的根本保障。

在科考开始前一个月，科考队在工作之余就陆陆续续准备去高原考察需要的仪器设备、实验工具和耗材等。出发后，格尔木通常是物资补给站。

准备的物资主要为三大部分：一是生活保障，包括队员的食宿、防护、健康用品等；二是机械设备保障，包括车辆、发电机、钻机等，以及供油充电和维护设施的物资；三是工作设备，包括取样工具、安装测量设施等的购置。物资准备通常需要充裕一些，做到有备无患。

整装待发

坎坷路途

从格尔木出发，一路向西南方向，沿着格尔木河谷前进，海拔也逐渐升高。西大滩为青藏高原多年冻土北界，海拔高达 4000 米。西大滩以南是昆仑山垭口，海拔 4768 米。过了垭口便进入可可西里地界，直至唐古拉垭口，全长约 400 千米。

高原的路况并不很好，特别是多年冻土区的青藏公路（G109）已经运行超过半个世纪，加之早期建造技术局限和投入有限，青藏公路病害比较严重。冻融作用导致路面翻浆、崎岖不平。青藏公路是高原进藏的主通道，交通繁忙，特别是运输物资的货车较多，因此在青藏公路行车不仅颠簸，而且还会因事故或道路养护经常出现堵车现象，甚至堵上数天也不足为奇。

进入可可西里腹地，除了索南达杰保护站巡山人员常用的便道外，再无道路可走。冬季考察时车辆一般都选择在便道上或冻结的沟谷冰面上行走。夏季考察则难免要穿越沼泽湿地或貌似干燥、实则松软的地面，或蹚水过河，陷车的发生防不胜防。乘车行走在青藏公路波浪路面上真有"过山车"的感觉，而可可西里颠簸的简易道路更是行路艰难。总之，野路科考需要驾驶员具备足够的经验和非常扎实的车技。

路面翻浆

行走在雪地上

堵车

1月13日　　　不冻泉到卓乃湖　　　　　晴

昨旅馆不冻泉扎西宾馆，尽管协商后晚间的发电机供电出些费用就不用断电，大家好用电褥子度过寒冷的夜晚，但是还是太冷太冷，主要是脑袋没法保温。12点多入睡后，凌晨3点醒来，在科考群里发消息告诫大家戴上帽子睡觉！好不容易熬到天亮了！

原计划早晨8:00早餐后出发，但保障后勤的三桥车因低温发动不了，特后悔没有告诫驾驶员晚上定时点火发动，结果就出现这个状况了。之后又是喷灯烤、又是加电瓶、又是补氧气，结果不但没发动着，反而废了电动马达！好在换下来的回的在，请修车师傅想办法启动了，时间已经到了10:30，后又是打电话让格尔木送马达，又担心半夜进不了可可西里无人区，讨论后安排卡车等4辆车先出发，一辆车返回格尔木、一辆等着……原先的计划全变了。啰啰嗦嗦记录这么多，就是合了可可西里姚警官说的"蝴蝶效应"，晚间点火热热车—第二天整整齐齐出发，结果不能按时出发—派车格尔木—留车不冻泉—部分车辆先行—两队队伍在无人区会合，导致各种担心。

终于，第二队在下午2:40从不冻泉出发，至青藏公路K2981向西进入可可西里无人区，随之手机失去信号。好在奥维地图有导航功能，随时能知道自己的位置。经过7个小时的颠簸，终于到达卓乃湖保护站野外基地，结果前队也仅在40分钟前到达，原因是一号车减震器被颠坏了，一路耽误不少时间。无论如何，大家安全会合是最主要的。

是夜，简单吃过泡面后，住宿野外站，很高兴野外站有活动板房，能遮挡风沙，大家很快就有了睡觉的地方和床铺！并看看晴空万里的夜间银河、星星，基本上是透明的天空——城市里已经看不到了！

记录人：牛富俊

涉水

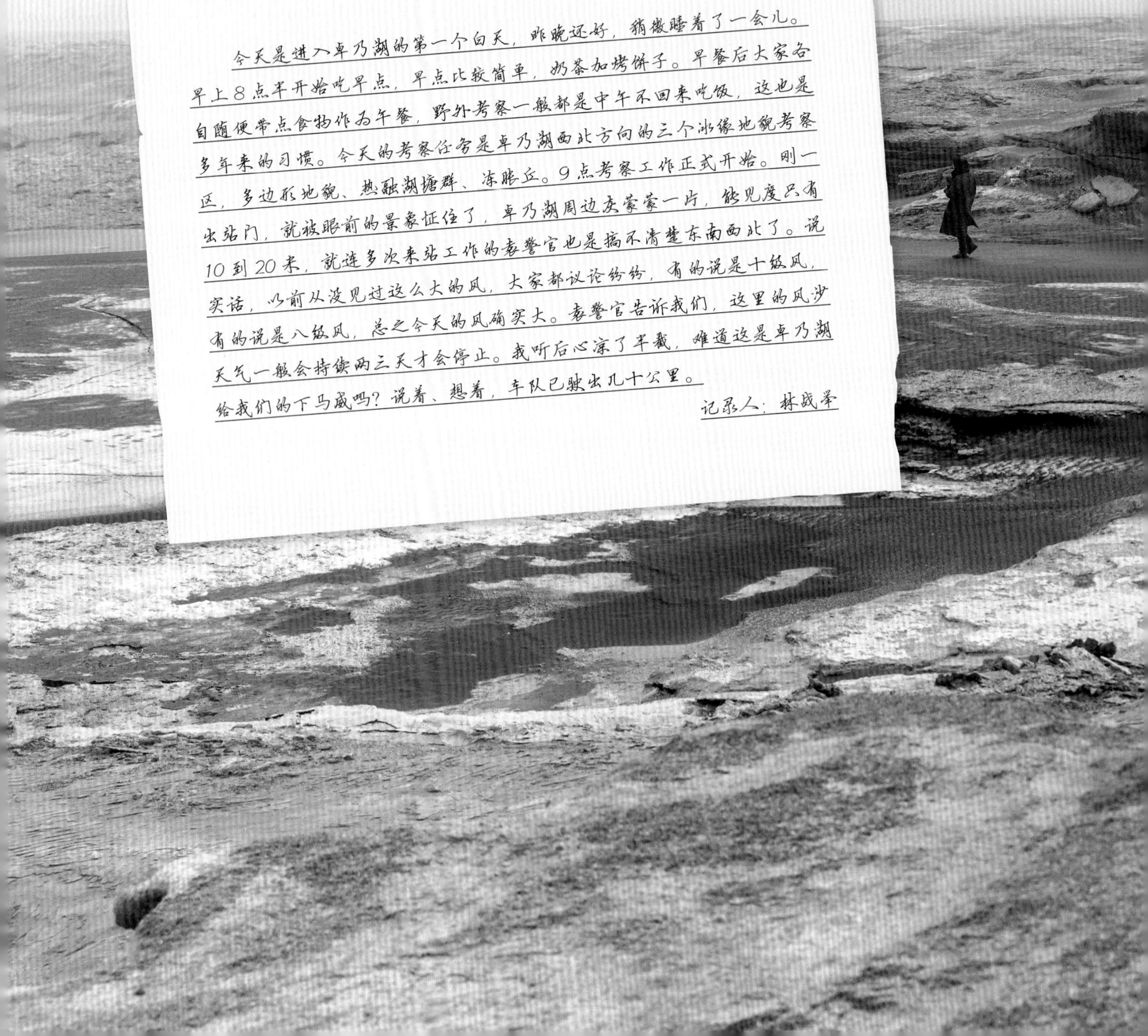

1月14日 大风沙天气 卓乃湖的下马威

今天是进入卓乃湖的第一个白天，昨晚还好，稍微睡着了一会儿。早上8点半开始吃早点，早点比较简单，奶茶加烤饼子。早餐后大家各自随便带点食物作为午餐，野外考察一般都是中午不回来吃饭，这也是多年来的习惯。今天的考察任务是卓乃湖西北方向的三个冰缘地貌考察区，多边形地貌、热融湖塘群、冻胀丘。9点考察工作正式开始。刚一出站门，就被眼前的景象怔住了，卓乃湖周边灰蒙蒙一片，能见度只有10到20米，就连多次来站工作的袁警官也是搞不清楚东南西北了。说实话，以前从没见过这么大的风，大家都议论纷纷，有的说是十级风，有的说是八级风，总之今天的风确实大。袁警官告诉我们，这里的风沙天气一般会持续两三天才会停止。我听后心凉了半截，难道这是卓乃湖给我们的下马威吗？说着、想着，车队已驶出几十公里。

记录人：林战举

艰难行程　大风沙

1月16日 大风沙天气 歪打正着

今天预定的考察任务是卓乃湖西北方向至库赛湖之间的冰缘地貌。早上8点起床后，天气除了冷外还是不错的，风也不大。怕下午风大，大家简单吃了早点匆匆出发了。首先到达卓乃湖湖面上，中国地质科学研究院地质力学研究所的姚鑫教授计划做一个卓乃湖全貌的航拍，因为前两天总是风很大，一直没办法完成这项工作。这次姚老师负责的工作是采用他的固定翼无人机航拍灾害点，因为航拍需要几个小时，为了节约时间，除了姚鑫和研究生小任抓紧做着起飞前的准备工作外，其他人继续按计划进行，去库赛湖的西南角灾害点调查。

本打算按照预先规划的线路，从卓乃湖溃口的南侧向东行进，但是袁警官坚持认为北侧也可到达。于是乎，队伍浩浩荡荡从北侧向东行进。刚穿过湖面走了不到2千米，5号车突然爆胎，轮胎被尖石头划开约5厘米长的口子。幸好我们带了备胎，无伤大碍，经过换胎后继续赶路。由于北边的线路非常难走，整个人在车厢就跟筛豆子似的，不知不觉车队被一条忽隐忽现的车辙带到了卓乃湖溃决冲刷形成的凹槽里。这个凹槽宽约20多米，坎高5米左右，长度与库赛湖连接，如此大的凹槽可想而知当时卓乃湖溃决时水量有多大。同时也留下了一个考察该区域地质构造的天然坡面。大家围绕着一些问题纷纷展开讨论，包括成因、发展趋势等。凹槽剖面考察结束后已是下午3点多了，考虑到路途遥远，库赛湖考察已来不及了，队长决定返回卓乃湖站，沿途补充其他考察。今天虽然没能如愿以偿，但也意外考察了该区域的地质构造情况，收集了平时只有通过钻探或坑探才能获取的信息，也是收获满满。

记录人：林战举

车辆行驶在冻结的河冰上

爆胎的车辆

艰难行程　爬坡

野外生活和科考工作

简易午餐

野外生活，不同寻常

可可西里历来神秘与危险并存，艰苦的考察环境考验着每一位到访者。在充满未知的无人区，低温、缺氧，以及阴晴不定的天气增加了考察工作的难度，在冬季，高原反应更为严重。青藏高原考察时，食宿是一项很难解决的问题，沿线除了仅有的几家宾馆、保护站外，可以食宿的地方并不多。特别是离开公路、进入可可西里腹地，食宿都需要自行解决，连最基本的生活用水都需要从外面带进去。能有一个遮风避雨的简易房子，是最奢侈的了，考察者通常需要在避风区搭建简易帐篷忍受寒冷、缺氧的夜晚。

野外考察的生活一般都比较简单，基本是一日两餐，中午不吃正餐，大多数时间是在野外以方便面、饼干、蚕豆充饥。晚饭则有机会吃一顿饕餮大餐——炖锅，把冷冻食材一股脑儿放进锅里，煮熟即食，有一种东北大乱炖的感觉，平日里难以下咽的食物，此时觉得香味十足。

冬季考察最大的考验是零下三十多摄氏度的低温。携带的饮用水在室外全部结冰，准备的食材冻得像石头，供电的发电机也因极寒天气，时常发生故障而无法启动。卓乃湖考察期间，大多数时候是沙尘天气，烈风裹挟着沙石遮天蔽日，能见度仅为几米，每天回到住处，脸上、鼻子、耳朵、嘴巴里都是沙子。此外，头痛、失眠等高反症状驱散着睡意，严重消耗着科考队员的体力和精神。尽管如此，能够来到可可西里，大家或想想、或聊聊，还是觉得非常开心、很有成就感，就痛苦而快乐着吧！

每到晚上，整理完当天的数据、资料后，大家凑在一起，有兴趣、有精力或睡不着的话就打打扑克，有时候也侃侃大山，你说我笑，分散了高反引起的不适感，时间似乎会过得快点，缺氧症也会帮助大家忘却时间，打发难熬的夜晚。

为什么会发生高原反应

发生高原反应的根本原因是乏氧，因为在高原地区，随着海拔高度的增加，大气压逐渐降低，氧分压也会随之降低，海拔超过2700米的高原，氧分压会降低很明显。人体在乏氧的状态下会造成组织、器官的缺血、缺氧，尤其对大脑和肺部的影响更大，严重者可能会出现高原性脑病和高原肺水肿，这两种疾病如果不经过积极治疗，有可能会危及患者生命。
高原反应的发病率与上山速度、海拔高度、居住时间以及体质等有关。寒冷、过度疲劳、上呼吸道感染等也会加大高反的概率和严重程度。

海拔 4800 米与藏族青年娱乐

简易帐篷住宿

饕餮大餐

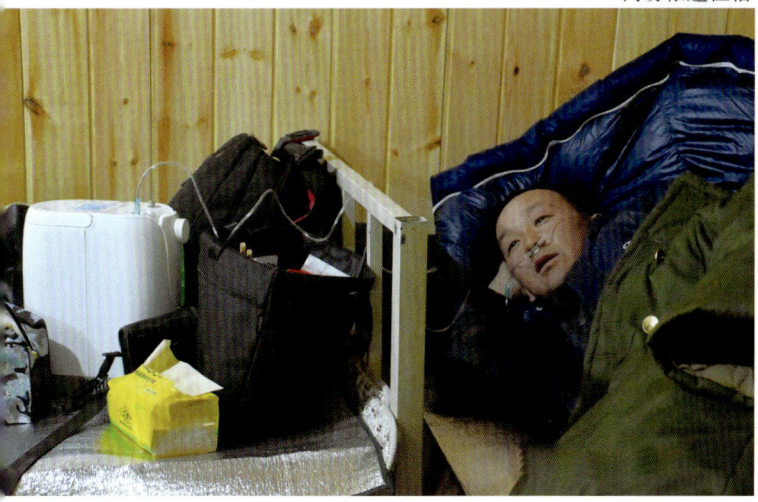

取雪消水煮饭

严重高反的队员在吸氧

野外路过的一个"茶馆"

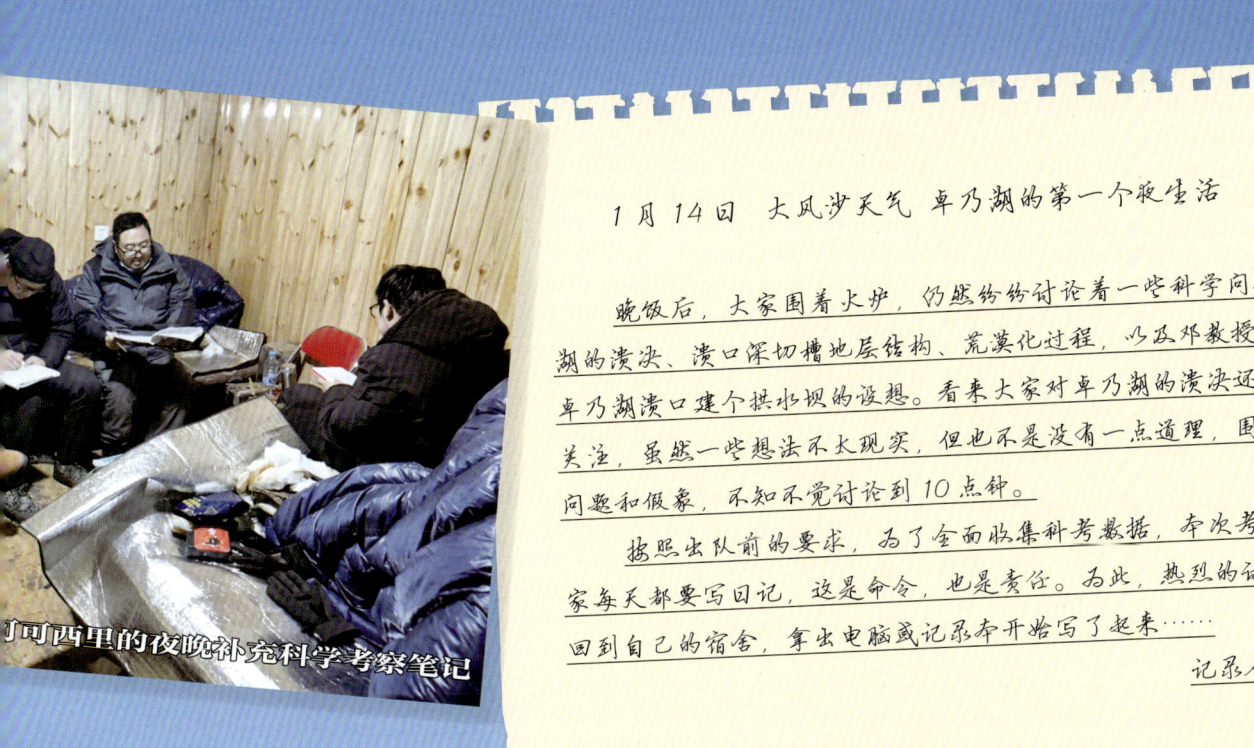

可可西里的夜晚补充科学考察笔记

1月14日 大风沙天气 卓乃湖的第一个晚上

晚饭后，大家围着火炉，仍然纷纷讨论着一些科学问题，卓乃湖的溃决、溃口深切槽地层结构、荒漠化过程，以及邓教授提出的给卓乃湖溃口建个挡水坝的设想。看来大家对卓乃湖的溃决还是非常的关注，虽然一些想法不太现实，但也不是没有一点道理，围绕着这些问题和假象，不知不觉讨论到10点钟。

按照出队前的要求，为了全面收集科考数据，本次考察要求大家每天都要写日记，这是命令，也是责任。为此，热烈的讨论后大家回到自己的宿舍，拿出电脑或记录本开始写了起来……

记录人：牛富俊

科学考察
——苦乐兼具

青藏高原考察的每一个环节都非常艰辛，海拔四五千米的高反就已经使人很难受了，还要从事繁重的体力和脑力劳动是可想而知的。有些考察区车辆无法到达，就需要科考队员步行到达，有时候还要扛上几十斤重的仪器爬山。即使很近的距离，由于高原反应，呼哧呼哧走起来却很漫长了。

高原考察工作主要包括三个方面，一是现象观察，通过现场查看，探寻一些以前未曾发现的新现象，这些现象可能在室内是无法模拟的，手段主要有现场观察、拍照摄像、无人机航拍、现场扫描、测量等；二是现场取证，主要通过钻探、坑探或物探等技术手段，取回一些样品开展室内实验研究，包括土样、岩石样、冰样、雪样、水样、植物标本等；三是观测场建设，建设固定的场地、安装监测传感器和采集器，通过长期的监测数据分析，研究一些未知的科学问题。

野外开展工作时，常常会遇到大雨大风天气，有时候一项工作正在进行，突然大雨倾盆，队员们不得不坚持干完。搞冻土研究的科考人员在野外常常和泥土、冰、水打交道，脏和累如家常便饭，但新的发现、心得及理想的科研报告是对这份艰辛付出的满满回报。

现场踏看
楚玛尔河阶地

现场踏看冰椎

1月12日　　　　　　进军可可西里　　　　　　晴

12日的终点原计划是索南达杰保护站，后改成不冻泉。早晨9点科考队一行6车（5辆越野车、1辆物资货车）17人准时出发，因前一天将身份证扫描件提前发给了南山口检查站，一路行进顺利。这天值得提及的几点如下：

（1）荒漠景观。格尔木市本来就是建立在荒漠上的一座城市，但是得益于格尔木河上的几座小型水库，市区还是相对繁华。荒漠景观在南山口至昆仑山口表现得格外突出，除了格尔木河和奈金河上的几座小型水库等有限水体外，满眼都是光秃秃的山岭、干涸的河床、沟谷稀疏的植被和漫漫的黄沙。

（2）野生动物。与2013年相比，在纳赤台以南山谷见到了更多成群的岩羊、藏野驴、藏原羚和藏羚羊，近昆仑山口甚至看到山上有一只孤独的野牦牛。这些野生动物距离公路超过100米，很悠闲，看来近年来的动物保护力度很大，初见成效。

（3）冻胀丘。昆仑山口的冻胀丘似乎没什么变化，感觉河对岸似乎也存在类似的冻胀丘。牛富俊说他考察过，那些形状似冻胀丘但实际上是侵蚀形成的。

（4）昆仑山玉珠峰冰川。老牛他们说由于2020年降雨量较大，冰川出现退缩。中午西大滩光线良好，存照留念。

（5）冰推。临近不冻泉，阿青岗欠挽巴河上的冰推十分漂亮，应该是表面结冰后，冰下水流上拱形成的。

（6）楚玛尔河沙丘与一级阶地。高原河流基本上是辫状水系，冬季水浅，河滩沙层易在风力作用下扬起，吹上沙滩。楚玛尔河也不例外，风积沙丘的形成对阶地和漫滩上的植被生长不利。真正有意思的是河流侵蚀的一级阶地断面，很混乱，老牛认为很可能是冻融翻卷，个人认为可能与地震液化关系密切。先存照思考。

　　　　　　　　　　　　　　　　　　　　　　　记录人：邓建辉

楚玛尔河阶地出露的剖面

我和昆仑山玉珠峰的合影（邓建辉教授）

1月13日　　不冻泉到卓乃湖　　晴

……

以上记录了当日行程。以下为相关冻土灾害及现象：

（1）沿途150千米冻土发育，地表植被主要为高寒草原和荒漠化草原，丘陵山地发育大量热融滑塌，与之前的遥感解译结果一致。可惜为了赶路，没有详细观察，此工作将放在返回时候完成。

（2）冻土湿地因车辆碾压，发生了严重的破坏，凡是车辆碾压过的区段，基本演化为热融沟。为此，我给罗京和兰州大学王一博教授说，看看高原冻土区的"火车站"——多少条铁路、站台平行分布。由于车辙碾压沉陷严重，后来的车辆在未扰动的地面通行，结果扰动范围越来越宽，有些地段达到了30米。此处需要说明的是，扰动这么严重的"路面"，保护区的保护工作实在很难，但是另一方面，保护还需要进一步严谨、进一步科学化、进一步现代化，比如，在源头组织人员及车辆进入，万不得已要进入，尽量选择在旱季和冷季，尽量减少或避免对冻土的地表扰动。我们知道，多年冻土尤其是青藏高原多年冻土高温高含冰量冻土抗扰动能力极差，而热敏感性极强，这样的扰动应该避免。因此，保护对象和环境协调之间需要科学规划、合理协调，使可持续高质量发展成为可能。

（3）可可西里荒漠化问题严重。沿途基本为荒漠化草原，尤其接近卓乃湖区域，风积沙、沙窝、沙包广泛分布，跟我们队员想象的藏羚羊产仔区大相径庭。但由于夜间无法好好观察，明天吧！

（4）也许是冬季，沿途很少遇到野生动物！也许是我们可能不了解习性。

记录人：牛富俊

现场踏看冰幔

荒漠化景观

现场踏看出露的地下冰

结冰的河道

1月15日 晴 深入错达日玛

今天是进入可可西里无人区的第三天，昨晚由于高反头疼剧烈，断断续续睡了好几觉终于坚持到早晨七点，看到旁边的王一博老师睡得正香，就没打扰继续在床上躺到八点左右，这时大家都开始动身起床了。此时头疼依然没有缓解，就吃了一颗布洛芬缓释片，大约过了半个小时头疼明显减轻，吃了点简单的早餐后就出发开始今天的科考工作。

科考队出发没多久，在玛尼沟西侧发现一处典型热融滑塌，这是本次科考第一次近距离看到热融滑塌的真面目，虽然之前在北麓河盆地附近也考察过很多热融滑塌，但在卓乃湖附近看到这一现象还是很新奇。队员们到达热融滑塌发育区域对滑塌壁及其下部的地下冰、后缘的裂缝以及前缘的隆起等进行了现场考察和无人机航拍。

热融滑塌考察结束后，科考队沿玛尼沟继续前进，前往本日考察的既定目的地——错达日玛湖，由于道路很难通行，只有河道的冰面可以勉强通过，所以车上一个队员把此条线路戏称为"冰上丝绸之路"。经过大约5个小时，科考队员顺利到达了错达日玛湖附近，我们要考察的热融滑塌正好发育在湖南岸的山坡上，只有穿过湖面才能到达目的地，但考虑到直接穿过湖面危险性很大，最终从湖中间的一个湖心岛位置穿过后顺利到达了湖南岸。

……

记录人：罗京

科考队在库赛湖合影留念

航拍

到达湖南岸以后，发现了大量热融滑塌，队员们进行了详细的现场测量及取样，然后返回到了湖岸附近，在此处大家发现了本日考察最大的发现，即由湖水的热侵蚀作用引起地下冰融化而诱发的热融滑塌现象，这一发现说明了青藏高原多年冻土区的热融滑塌除了由活动层滑脱的发生及工程扰动作用而诱发外，湖水的侵蚀作用也是形成热融滑塌的第三个诱发因素。我们及时拍照并取了需要实验室测定的样品。此时，天边的云和冻结的冰层形成两条平行的直线，还有野毛驴跟车奔跑，错达日玛的美景让人一扫昨天沙尘暴的失望，这才应该是美丽的可可西里的面貌。由于离保护站距离较远，下午3:00，车队决定原路返回。

记录人：罗京

跟车的藏野驴

取土样

错达日玛及周边热融滑塌群

错达日玛湖周边热融滑塌考察

取冰样

现场采集数据

三维激光扫描仪热融滑塌扫描

热融滑塌滑移速率测量

1月17日　　晴　　可可西里山热融滑塌群考察

　　从GF-2（高分二号）遥感资料上解译的结果表明，可可西里山区北坡一带发育大片的热融滑塌群，这也是本次科考的重点区域之一。队员们都想亲眼看看，一睹其"壮观景象"。大约11点钟，在车队的右前方，远远地望去，热融滑塌群慢慢映入眼帘。于是车子离开便道，向滑坡点驶去。该处热融滑塌群出现在阳坡一侧，绵延近20千米，大大小小的如同牛皮癣一般，最大的滑坡面可达几万千方米。大家异常兴奋，说实话，这样规模的热融滑塌群以前在高原上从未遇到过，无论从面积大小、还是滑移的形态，都非常的典型。大家都拿出手机拍照，高博士和罗博士也放起了无人机，开始航拍。考察还发现该区域活动层厚度约1.5米，下层为厚层地下冰，地下冰十分发育，这为热融滑塌的发生提供了条件。我除了逐个记录滑塌规模、绘制草图外，还分别取了土样。热融滑塌是近些年高原气候变化的产物，是多年冻土变暖的指示器，其形成和发育对环境有极大的负面效应，比如加速地表的荒漠化过程、导致活动层加深及冻结层上水失衡；造成地表的盐碱化；引起温室气体升高和严重的环境问题。考察持续近3个小时，离开时大家都依依不舍……

记录人：林战举

取石样

取水样

取土样

取水样

青藏铁路沿线安装的地温监测设备保护箱

监测场地建设

坡向效应监测场

不冻泉冻土荒漠化监测场

走进高冷的
可可西里

传感器安装

高密度电法探测青藏铁路病害

大功率核磁共振找水仪探测冻土地下冰

DISCUS 核磁共振含水率测试仪探测活动层含水量

三维地质雷达探测地下冰

EKKO 地质雷达探测地下冰

深层地质钻探

测量铁路路基沉降

水准仪监测路基沉降

现场直剪实验

层钻探

数据采集

现场讨论

卓乃湖保护站的夜晚围炉讨论

昆仑雪山

1月18日 盐湖 晴

　　早上8点30，有了索站的氧气供应，早上起来神清气爽，没有一点头疼和困意，大部队开往不冻泉吃了热腾腾的牛肉面更是精神焕发。吃完便沿着盐湖北面的轨迹一路前往库赛湖东侧湖边，一路上牛羊成群，右边有昆仑雪山相伴，美不胜收，调皮的藏羚羊总是故意从车前横穿吸引注意力，呆呆的野牦牛则只是远远地观望。路况比前往卓乃湖的路好太多了，不到一个小时便到达了目的地。

　　有了前两次的航飞经验，在可可西里航飞时间已经有了一定的把握，在结实的冰面上对库赛湖流向海丁诺尔的局部河道进行了航飞。下午1点半，结束航飞后沿着河道和海丁诺尔在冰面上向东，湖边上散落着牛头羊角，这些天看到牛头最多的地方就是湖边，不禁让人怀疑是不是野牦牛临死前都会跑到湖边来等待生命的结束。

　　下午4点到达盐湖北面第二个原定航飞区，DInSAR（差分干涉测量）显示该区与周边相比突然出现变形，现场调查后发现红色变形区与水的分布有很大关系。5点结束航飞返回索站，一路上观察了InSAR红色黄色变形区与现场地表的对应情况，黄色区代表地表抬升，对应地表植被破坏，鼠害严重；红色区代表地表沉降，对应地表水汇集，冻融作用明显；绿色区代表没有雷达视线向变形，对应地表植被正常，未见水汇集。

　　　　　　　　　　　　　　　记录人：姚鑫 任开瑀

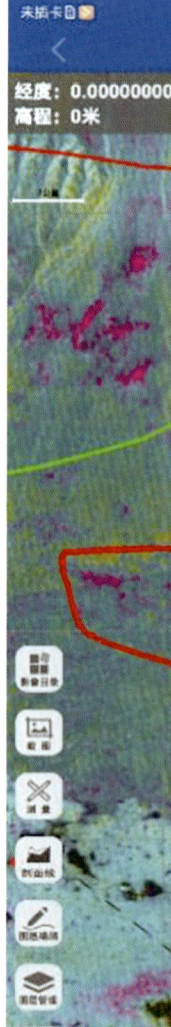

盐湖北 InSAR 变形区

记录数据

科考队员视数据如生命，为了获得一些数据，往往需要做大量的工作，有时甚至是重复的工作。每日回到住处，饭后的第一件事是考察日志的记录，队员必须完整地记录下当天的工作，包括数据整理、样品称重、保存等。

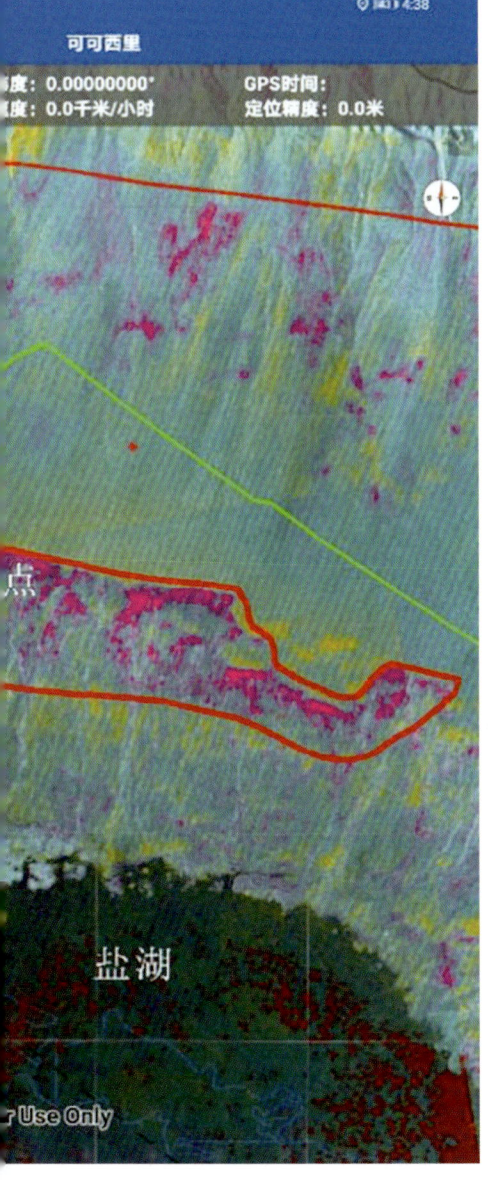

整理资料

可可西里海拔高,但地势缓坦宽阔,这里有山脉、河流、湖泊、沟谷、盆地、高平原……

由于这里高寒多风,土壤生态系统脆弱,减少对环境的干扰就是对她最好的保护。

第三章

可可西里独特的地质地貌

可可西里 独特的 地质地貌

5. 可可西里的地貌

    丘陵山脉

    河流湖泊

    沟谷、盆地、高平原

6. 可可西里的土壤

    沙丘沙地

    盐碱地

    黑土滩

7. 可可西里的地质

    地质构造

    岩浆活动

    活动断裂及地震

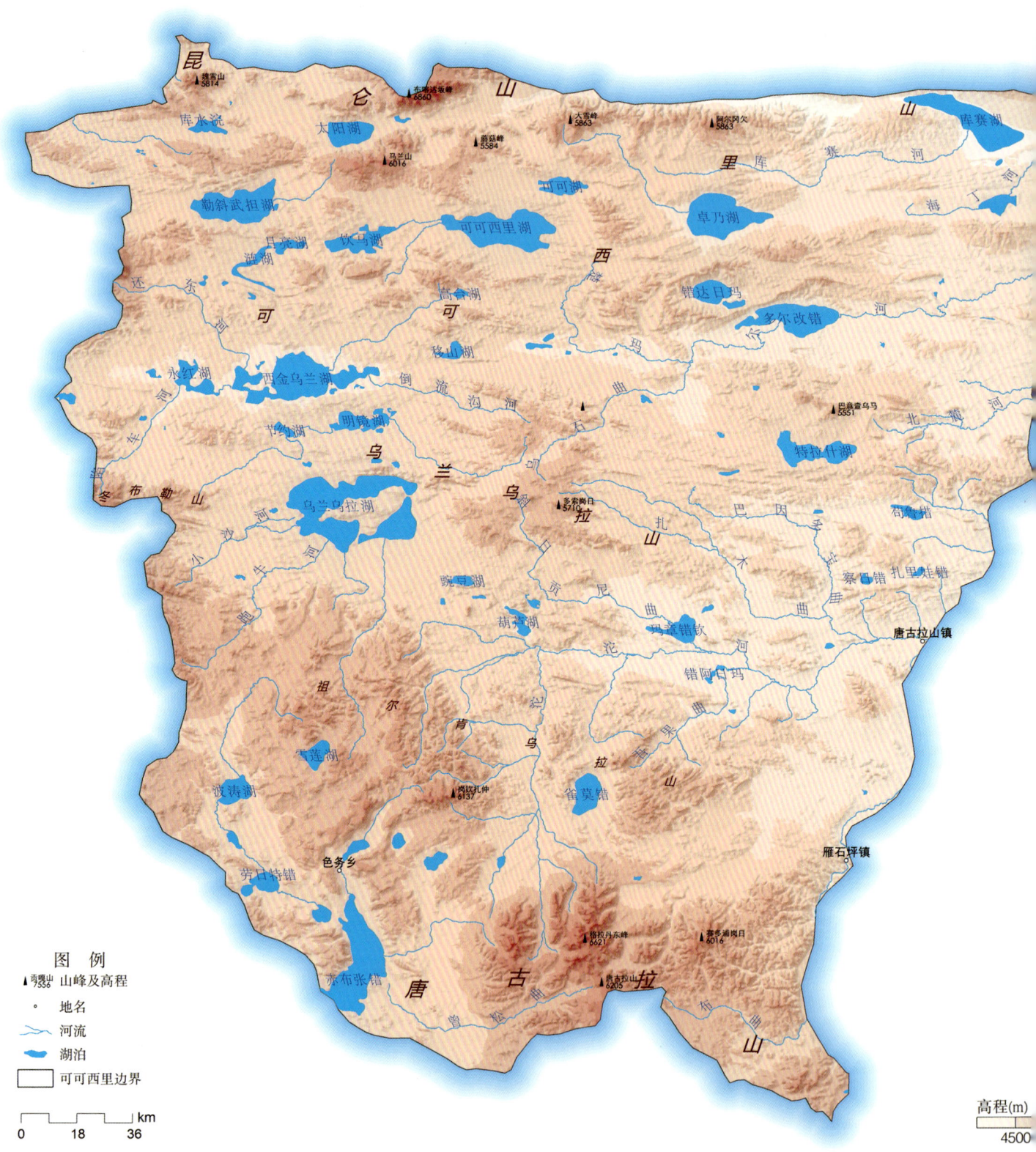

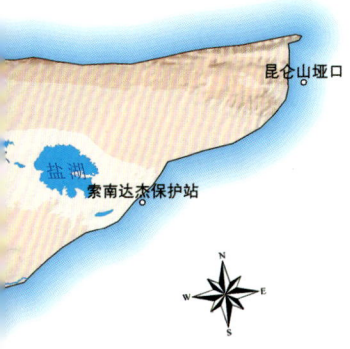

可可西里的地貌

可可西里南北边缘分属唐古拉山脉和昆仑山脉,中部广阔的地区为可可西里山等山地及其相间的宽谷盆地。此图地貌的绘制据李炳元、顾国安、李树德等的研究(1996)。

可可西里的地貌

可可西里地区为青藏高原腹地,未受到青藏高原强烈隆起所造成的河流溯源侵蚀影响,因而区内地势起伏较小,相对高度仅 300~600 米,地面坡度一般只有 15°左右。地势总体西高东低,南北高、中部低。

主要地貌形态是起伏和缓的高原面,高原面由小起伏高山、高海拔丘陵、台地和平原组成。山地之间为宽阔的宽谷湖盆带,湖盆的海拔高度在 4500~4900 米之间,大型湖泊如乌兰乌拉湖、可可西里湖、西金乌兰湖等镶嵌其中。

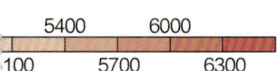

可可西里为青藏高原最高的地区之一，平均海拔5000米左右，四山系三平原具有明显的带状分布规律，基本地貌类型呈北西西－南东东方向展布。南北边缘为大中起伏的高山和极高山，海拔5500~6000米的山地有现代冰川发育，冰川总面积达1700多平方千米。其余地区为中小起伏的高山、高海拔丘陵、台地和平原。

丘陵山脉

可可西里的地貌分布规律

基本地貌自北向南依次分为：
昆仑山起伏高山带；
勒斜武担湖－可可西里湖－库赛湖－盐湖高海拔湖盆带；
可可西里山中、小起伏高山带；
冬布勒山－乌兰乌拉山中、小起伏高山带；
乌兰乌拉湖－沱沱河高海拔湖盆宽谷带；
祖尔肯乌拉山－唐古拉山大起伏极高山、中起伏高山带。

昆仑山玉珠峰南坡

玉珠峰海拔6178米,位于昆仑山口以东10千米处,是昆仑山东段最高峰。整体上南缓北陡,峰顶常年被冰雪所覆盖,无岩石表露。受气候变暖的影响,冰川消融大于累积,属消退型大陆冰川。

昆仑山玉珠峰北面

沿青藏工程走廊从北向南的主要山脉及山岭分别为昆仑山脉、可可西里山、风火山、乌兰乌拉山和唐古拉山脉等。

北缘的最高峰为昆仑山布喀达坂峰(亦称新青峰或莫诺马哈峰,海拔6860米),此外还有马兰山(6016米)、巍雪山(5814米)、大雪峰(5863米)等。

南缘的唐古拉山脉的西段,最高峰为长江源头的格拉丹东(海拔6621米),另外还有一系列海拔6000米以上的高峰,如嘎尔岗日(6518米)、赛多浦岗日(6016米)和唐古拉峰(6205米)等。

昆仑山北坡

风火山群山

风火山又名隆青吉布山,是昆仑山南麓的一支,地处昆仑山楚玛尔河畔的群峰中,山巅积雪终年覆盖,垭口海拔5100米。风火山山体呈红褐色,十分醒目。风火山一带气候变化剧烈、严寒、地质构造独特。青藏铁路著名的"风火山隧道"贯通山体,海拔4905米,全长1338米,被誉为"世界第一高隧"。

风火山山顶石冰川

平缓的风火山南坡

风火山北坡

格拉丹东大雪山北

格拉丹东是唐古拉山脉的最高峰，海拔6621米。唐古拉山脉藏语意为"高原上的山"，又称"当拉山"，在蒙语中意为"雄鹰飞不过去的高山"，是青藏高原中部的一条近东西走向的山脉，是长江、澜沧江、怒江等河流的发源地。

格拉丹东大雪山南

河流湖泊

可可西里是羌塘高原内流湖区和长江北源水系交汇地区，区内河网密布，是亚洲水塔的核心地区。

东部为楚玛尔河水系组成的长江北源外流水系，主要为季节性河流，水量较小，以雨水、地下水补给为主。

西部和北部是以湖泊为中心的东羌塘内流水系，处于羌塘高原内流湖区的东北部。

北部中段为柴达木盆地内流水系，以红水河为主，穿越昆仑山流入柴达木盆地。

楚玛尔河

楚玛尔河不冻泉附近

楚玛尔河

楚玛尔河是长江源的北源，发源于可可西里山黑脊山南麓。"楚玛尔"为藏语，意为"红水河"，又译为曲麻莱河、曲麻河、曲麻曲。流域呈狭长形，横卧长江源北部，汇集昆仑山南坡来水汇入通天河。楚玛尔河源头地区的北部与西金乌兰湖、可可西里湖等内陆湖区相邻。

楚玛尔河水系是昆仑山脉东段南坡一带的主要水系。属长江源自然保护区，上游区域是可可西里保护区的中心地带。

沱沱河青藏铁路大桥

沱沱河是长江源的西源,蒙语意为"红河",又称托托河、乌兰木伦河。发源于唐古拉山脉主峰格拉丹东雪山群。沱沱河最上源有东西两支,东支发源于格拉丹东雪山群西南侧的姜根迪如雪山下的冰川;西支源于格拉丹东雪山群以西的尕恰迪如岗雪山的西侧。两河受冰川融水补给,汇合后称纳欣曲,下行24千米与右岸的切美曲汇合后才称沱沱河。沱沱河出唐古拉山后继续北流,截开祖尔肯乌拉山较低的山岗,流至囊极巴陇附近,在流到青藏公路的沱沱河沿时,它已是深3米、宽20~60米的大河了。

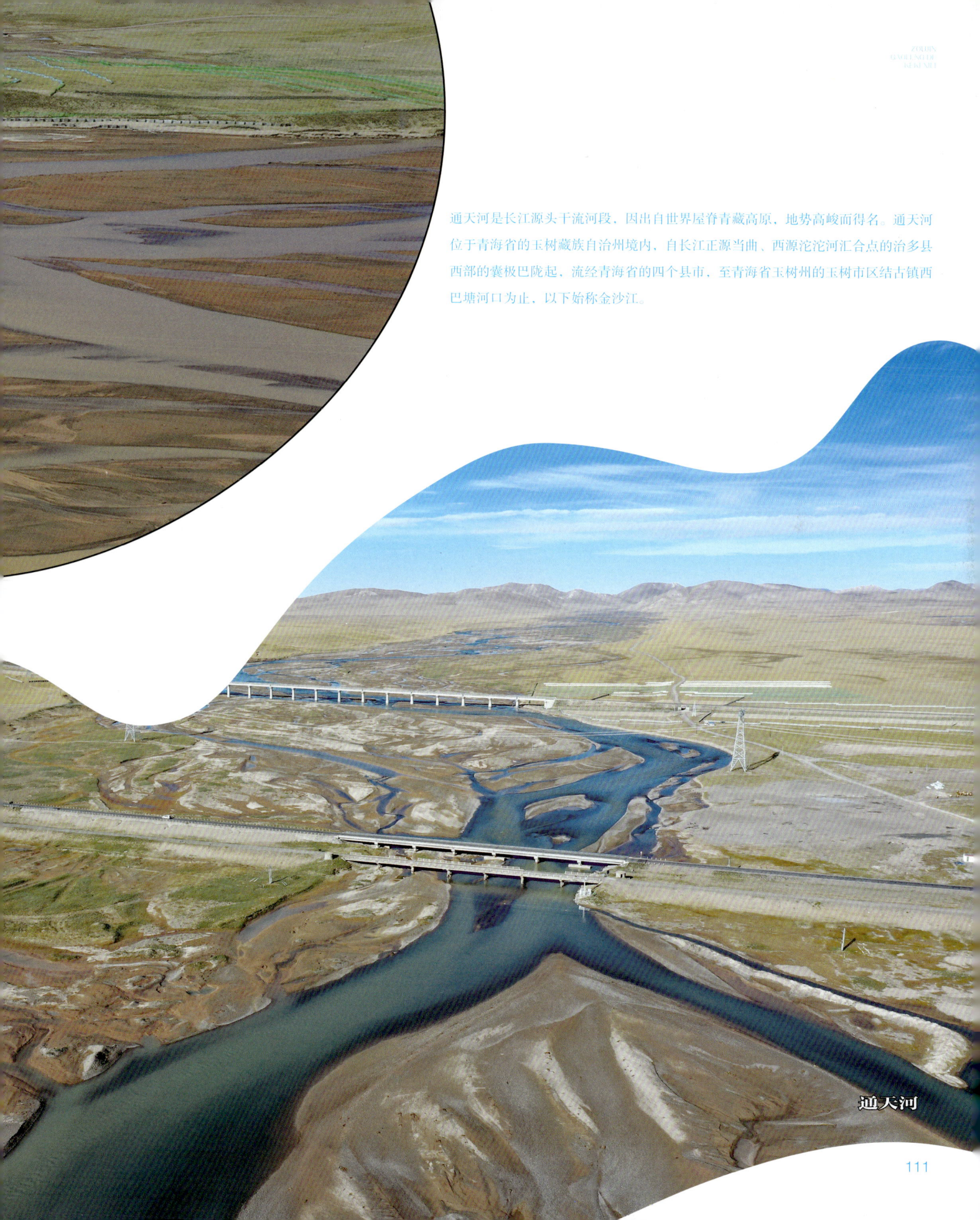

通天河是长江源头干流河段，因出自世界屋脊青藏高原，地势高峻而得名。通天河位于青海省的玉树藏族自治州境内，自长江正源当曲、西源沱沱河汇合点的治多县西部的囊极巴陇起，流经青海省的四个县市，至青海省玉树州的玉树市区结古镇西巴塘河口为止，以下始称金沙江。

通天河

可可西里湖泊众多，其中面积大于200平方千米的湖泊有7个，最大的为乌兰乌拉湖，面积约为545平方千米，大于1平方千米的湖泊有107个，总面积为3825平方千米，湖泊度（区域内湖泊的面积与区域总面积之比）约为5%。

可可西里的湖泊数量大、类型多、结构复杂。湖泊水色一般清澈透亮，淡水湖多呈淡绿及绿色，咸水湖多呈浅蓝及深蓝色，盐湖多呈白色及浅灰色。区内湖泊盆地及其湖泊展布为近东西向，呈带状分布。湖盆绝大多数是封闭的，湖泊便成为水分唯一向外排泄的场所——依靠蒸发而排入大气空间。大部分湖水味道苦涩，中央地带多为弱硬水－极硬水，北部和南部的外围地带为软水－极软水。

卓乃湖是一个音译过来的地名，藏族同胞把藏羚羊叫"Zu"，卓乃湖就是国家一级保护动物藏羚羊每年6月至7月集中产仔的主要地区，素有"藏羚羊大产房"之称。

冬季的卓乃湖

错达日玛在玉树藏族自治州治多县，可可西里地区晚第三纪陆相坳陷盆地内，湖盆三面群山环抱。刊登于1994年第4期《盐湖研究》上的论文推断该湖可能为陨坑湖，并指出湖北侧深度可能在600米以上。

冬季的错达日玛

盐湖位于昆仑山脉南侧，属于可可西里腹地的"盐湖"名字就叫盐湖，又名68道班盐湖。

盐湖

库赛湖

一图了解 软水和硬水

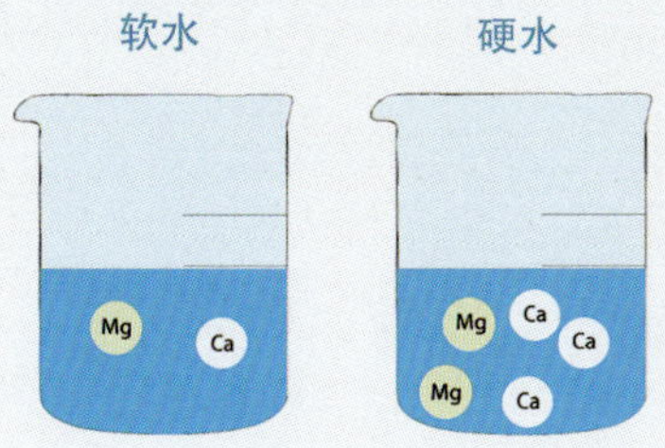

水的硬度是指溶解在水中的盐类物质的含量，即钙盐与镁盐含量的多少。含量多的硬度大，反之则小。

赤布张错

赤布张错也叫米提江占木错,湖体地跨西藏和青海,湖盆周围被祖尔肯乌拉山和唐古拉山环抱。原与西南部多尔索洞错相通,后湖泊退缩,两湖分离。湖面海拔约4931米,面积约477平方千米。湖区气候寒冷干燥,年均气温-6℃,年均降水量约200毫米。湖水主要靠冰川融水径流补给。

沟谷、盆地、高平原

可可西里中部广大地区为可可西里山等山地及其相间的宽谷盆地。狭长的山脉之间分布宽阔的河谷，自北向南分布楚玛尔河谷、勒玛曲河谷、日阿尺曲河谷和沱沱河河谷。可可西里山和冬布勒山横贯本区中部，山地间有两个宽谷湖盆带，地势较平坦。受纬度差异的影响，可可西里在南北方向上形成山地与河谷湖盆相间的地貌。

北麓河盆地

勒玛曲谷地　日阿尺曲河谷

长江源宽谷地带

沱沱河高平原

扎加藏布宽谷地带

扎加藏布是西藏自治区最大的内流河，发源于唐古拉山岗盖拉西南的现代冰川末端。扎加藏布流域海拔5000米以上，且北高南低，东高西低，水系发育不对称，河谷走向受构造断裂控制，以东西向为主，间有南北向的转折，最后注入色林错。

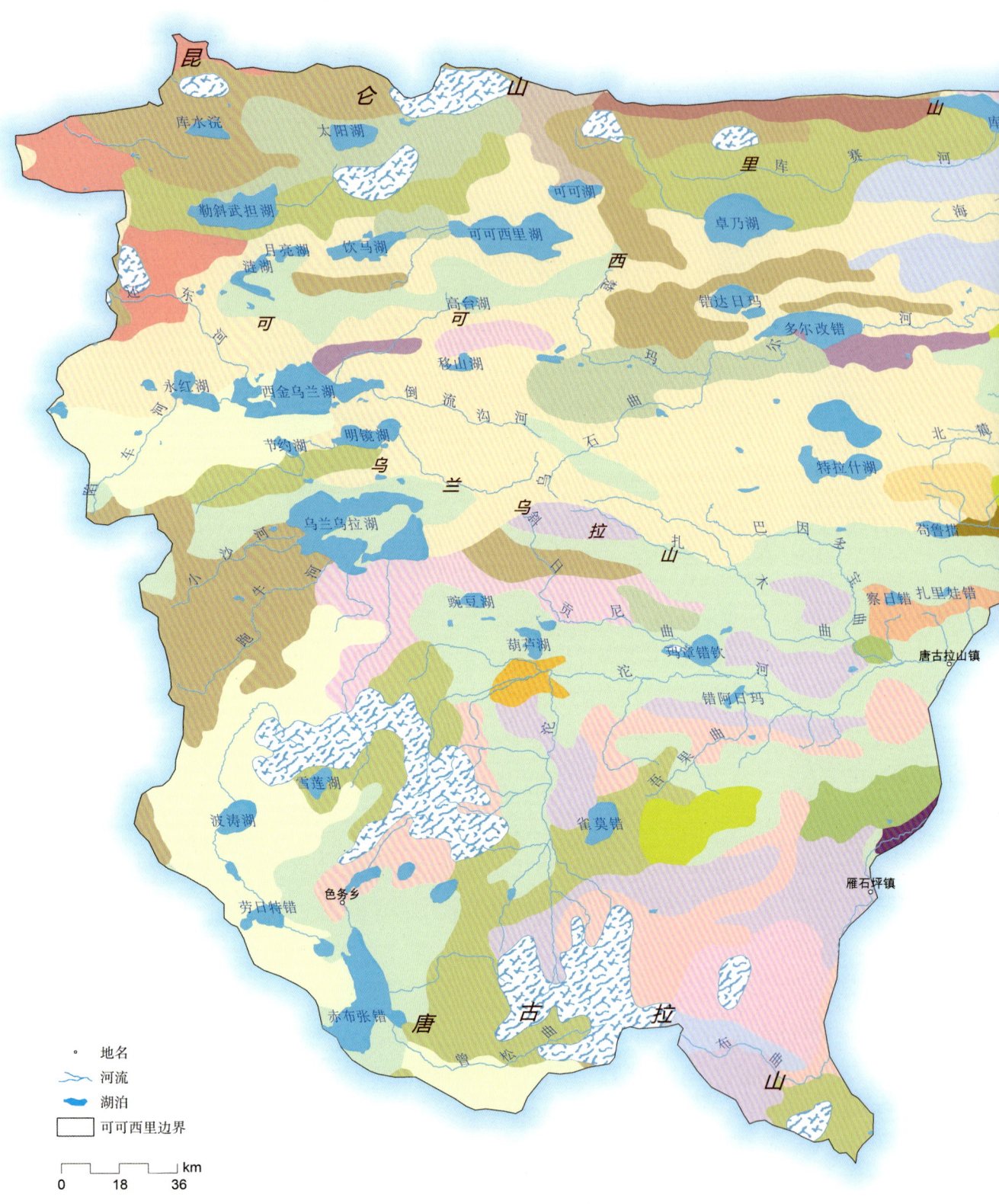

可可西里土壤分布

可可西里土壤类型和垂直带谱简单，呈斑块状散布于地带性土壤之中的隐域性土壤广泛发育，除沼泽土、草甸土和风沙土外，还有碱土、盐土和龟裂土等土壤分布。土壤类型以高山草原土（寒冻钙土）、高山草甸土（寒冻毡土）和寒冻土（寒漠土）3个地带性土壤为主，高山草原土分布最广。由东南往西北，随着干旱化程度加深，荒漠化草原成分增多，由高山草甸土逐渐向高山荒漠草原土过渡。此图土壤类型的绘制依据李炳元、顾国安、李树德等的研究（1996）。

可可西里的土壤

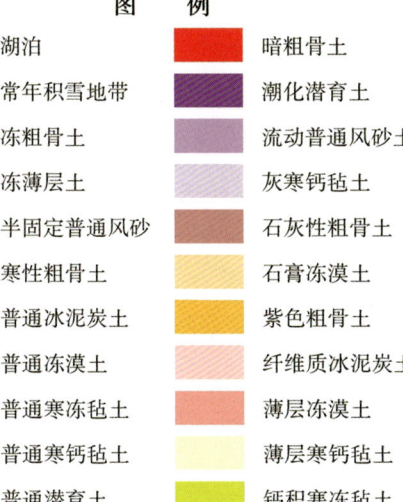

图　例

湖泊	暗粗骨土
常年积雪地带	潮化潜育土
冻粗骨土	流动普通风砂土
冻薄层土	灰寒钙毡土
半固定普通风砂	石灰性粗骨土
寒性粗骨土	石膏冻漠土
普通冰泥炭土	紫色粗骨土
普通冻漠土	纤维质冰泥炭土
普通寒冻毡土	薄层冻漠土
普通寒钙毡土	薄层寒钙毡土
普通潜育土	钙积寒冻毡土
普通粗骨土	

沙壤土剖面

上层风沙堆积下层河流冲积土壤剖面

河流冲积沙石剖面

滑塌后露出的土壤剖面

高原的强烈隆升导致高原气候渐成严寒、干旱、多风的冰缘环境，冰川退缩、湖面缩小，土壤干旱化加剧。严寒、干旱、多风的气候与地质条件，共同塑造着可可西里的土壤。可可西里的土壤基质粗骨性强、干燥松散，不利于植物生长和根系伸展。植被覆盖率低，生态环境十分脆弱。

由于土壤表层难以形成多根系、高有机质、结构良好的保护层，土壤缓冲性能弱、抗冲性差、自我调节和恢复能力低，高山陡坡上的土壤在重力与水的参与下，易发生滑崩现象。

漫长的土壤冻结和频繁交替的冻融过程影响着土壤的形成和发育，决定了可可西里土壤的特殊性。可可西里地区土壤的成土作用时间短、土壤发育过程缓慢、土壤比较年轻，且土壤旱化趋势明显，除沙壤土和黏土外，大面积地分布着沙化土、盐碱地及黑土滩等多种类型的土壤。

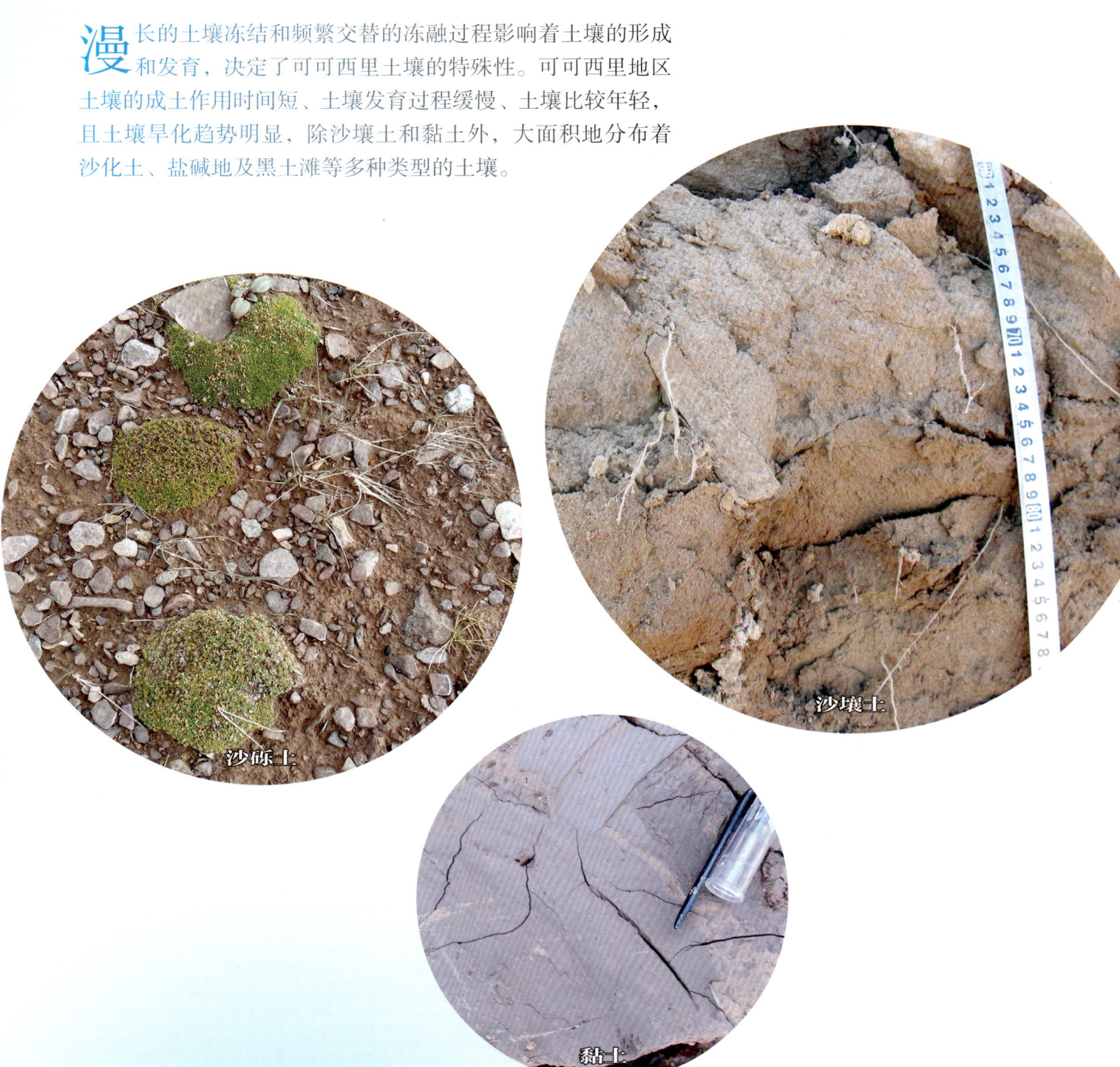

沙砾土

沙壤土

黏土

沙丘沙地

可可西里干旱、半干旱地区面积广大，气候干旱多风。地表土壤沙物质含量高、植被稀疏、覆盖率低、生态环境十分脆弱，沙化的地表在可可西里广泛分布。地表沙化与土壤的水分平衡有关，沙化的地表反映了可可西里多年冻土区活动层水分的流失。

马蹄山月牙形沙丘

楚玛尔河高平原沙地

沙化的地表在风的作用下形成沙丘。可可西里沙丘主要分布于河谷、湖盆、高原面及山地坡脚处，形态有固定半固定沙丘和流动沙丘、沙层等，部分老的沙层表面已经覆盖植被。在西金乌兰湖、楚玛尔河宽谷、五道梁南一线，分布长达约 300 千米的沙丘沙地，沙丘高 5~10 米，沙丘及平沙地多呈斑块状分布。

可可西里地区的沙漠化态势是，全区土地沙漠化由正在发展阶段向强烈发展阶段转变，引起的环境问题日益突出。卓乃湖周边沙漠化日趋严重是一个典型的例子，2011年卓乃湖溃决后，水域面积减小了近40%，湖滩暴露，沙漠化已十分严重。

土壤沙漠化

土壤沙漠化是指气候变异和人类活动在内的种种因素造成的干旱、半干旱和亚湿润干旱地区的土地退化。也就是说，由于大风吹蚀、流水侵蚀、土壤盐渍化等造成的土壤生产力下降或丧失，都可称为沙漠化。

根据形成因素不同，沙漠化土壤主要分为风蚀沙漠化、水蚀沙漠化、冻融沙漠化、盐渍沙漠化等4种类型。

卓乃湖附近沙丘

卓乃湖旁沙化塑造湖岸

河流的冲刷和风蚀作用产生了大量的细颗粒物，河流两岸的冲积、洪积物经风力作用，风积形成沙丘，类型多为波状、垄状。

为抵御青藏高原风沙对青藏铁路路基的侵袭，青藏铁路沿线布设着大规模的防沙设施，包括低立式防沙网、高立式防沙障、石方格、草方格等。防沙设施主要布设在铁路沿线的楚玛尔河、红梁河、秀水河、北麓河、沱沱河、通天河等23处，全长约18千米的沙害地段。

铁路路基风积沙

楚玛尔河大桥公路边的沙化现象

铁路、公路边的积沙区

红梁河沙丘

防沙设施

盐碱地

盐碱地

可西里大部分地区属于半干旱气候,为蒸发大于补给的水量收支负平衡区域,强烈的蒸发作用促进盐分表聚,造成地表盐碱化加剧。

可西里的湖泊除个别湖为淡水湖外,大多为咸水湖和盐湖,湖泊是该区土壤无机盐营养元素的聚集地和汲取地,对于维持高寒生态系统结构有着重要的作用,湖泊的变化也反映出区域土壤环境的演化变迁。受湖泊水质的影响,湖区土壤都具有区域性特征,周边区域土壤呈现盐碱化状态。

盐碱地地表

黑土滩

在可可西里一些沼泽草甸或高寒草甸区存在区域性的黑土滩土壤。黑土滩是指嵩草属高寒草甸严重和极度退化后,位于草皮下的黑褐色土壤腐殖层露出,呈现为植被稀疏或不毛的一类大面积的或岛状的次生裸地。黑土滩的退化系统恢复具有不可逆性。

黑土滩

可可西里的地质

地质构造

可可西里地区在地质历史时期古生代以前可以说是不存在的，由于板块的运动，早古生代末期至晚白垩纪期间，南昆仑地体、可可西里－巴颜喀拉地体和冈瓦纳大陆的羌塘地体等多个地体经过碰撞、汇聚、拼合过程形成了可可西里雏形，晚白垩纪后又由于青藏高原隆升逐渐形成目前格局。

从一级构造单元划分来看，可可西里地区大部分属于羌塘－三江造山系，仅在北部出露小范围的康西瓦－南昆仑－玛多－玛沁对接带，根据构造位置不同，羌塘－三江造山系在可可西里地区又可细分为5个二级构造单元，由北到南依次为玉龙塔格－巴颜喀拉前陆盆地、西金乌兰湖－金沙江－哀牢山结合带、昌都－兰坪地块、乌兰乌拉湖－北澜沧江结合带、北羌塘－甜水海地块。

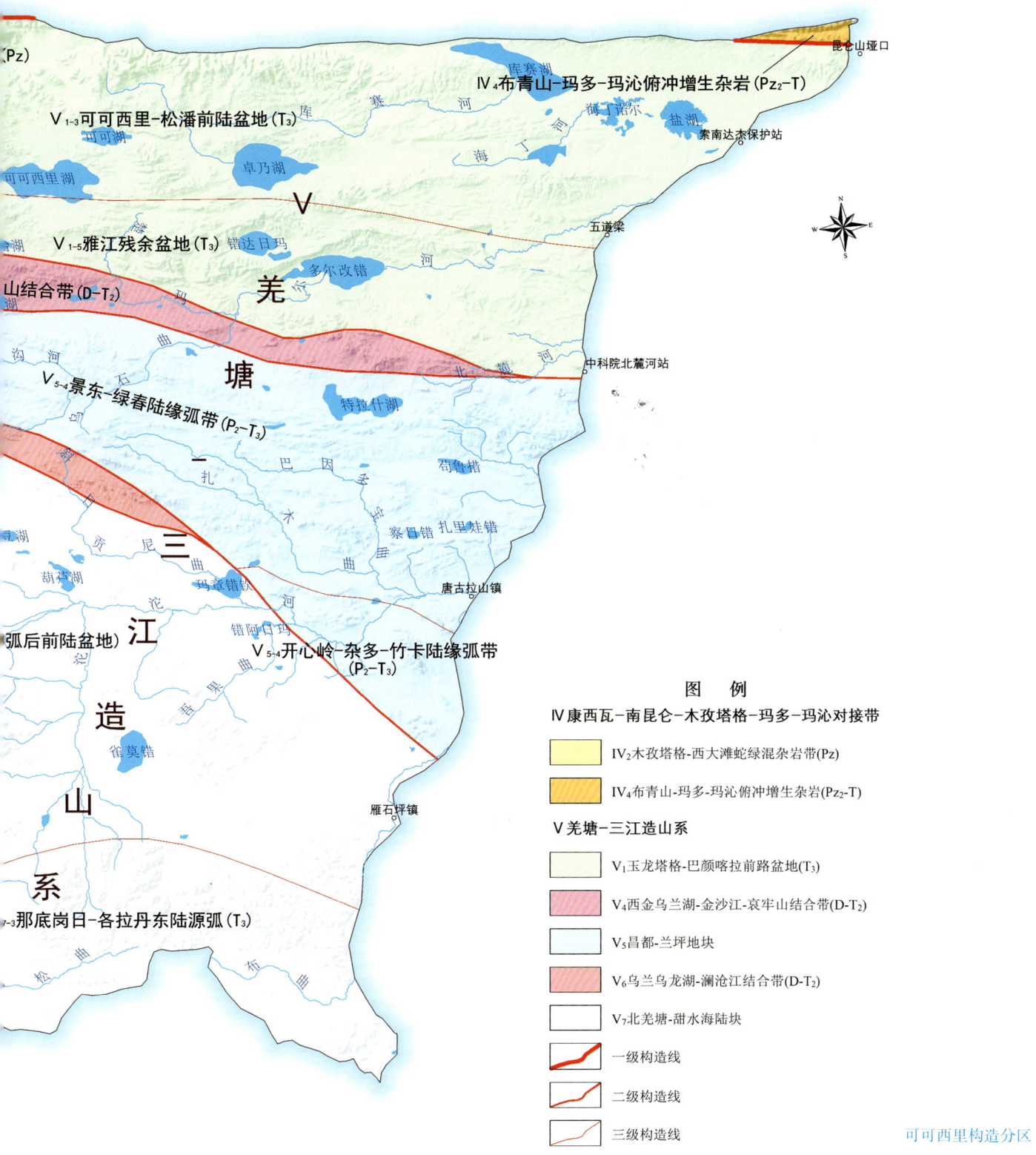

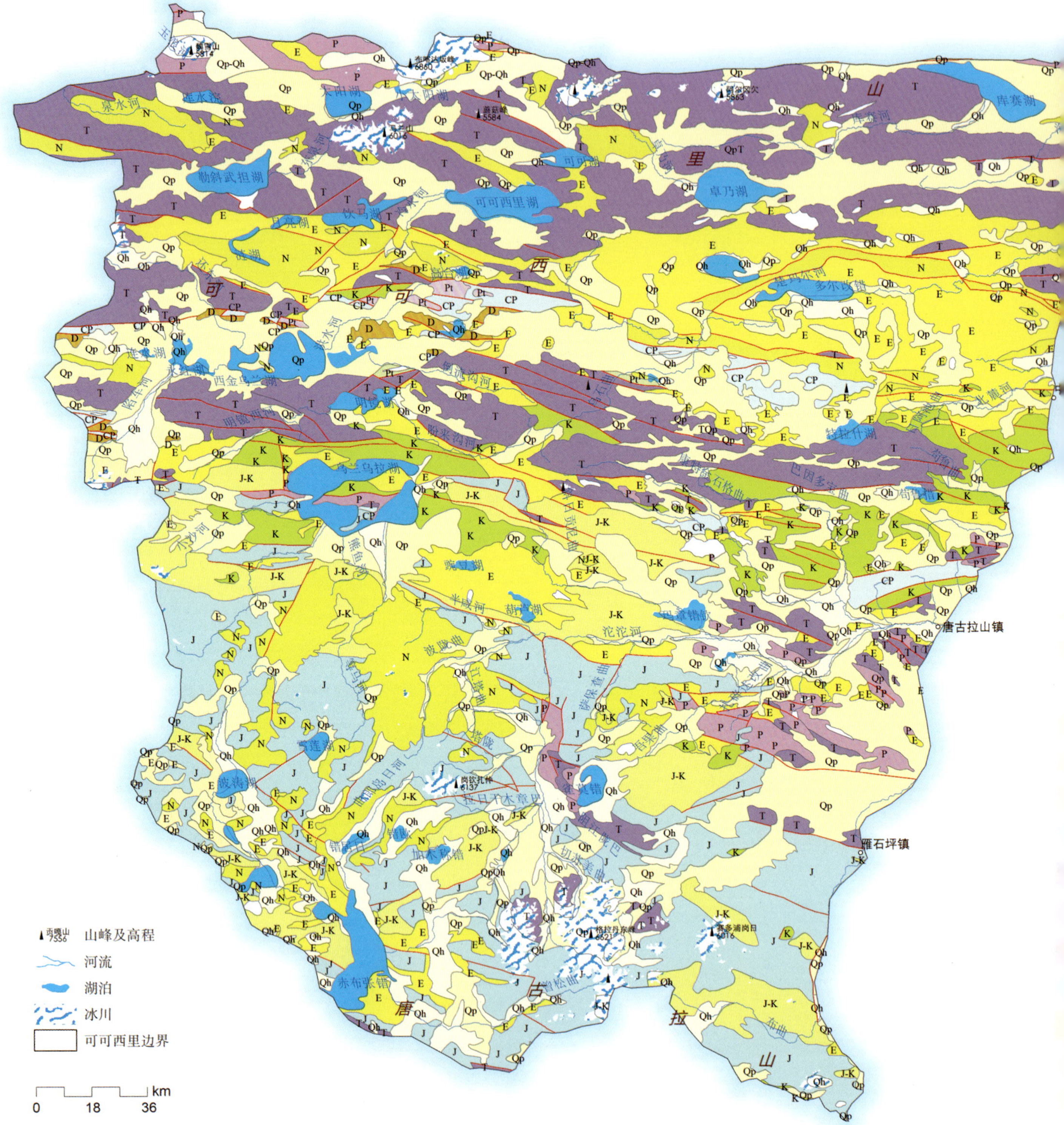

走近高冷的
可可西里

可可西里地层年代

图例：
▲ 山峰及高程
河流
湖泊
冰川
可可西里边界

0 18 36 km

此图地层年代的绘制据中国地质调查局西安地质调查中心董英、高满新等的研究。

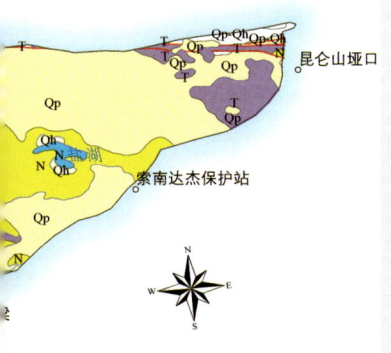

可可西里地层年代

可可西里地区的结晶基底主要为远古宇地层（距今约5.4亿年），零星分布，出露较少，大部分被显生宇覆盖。而显生宙地层中三叠纪地层（距今约2.3亿年）和侏罗纪地层（距今约1.6亿年）在可可西里地区分布最为广泛。泥盆系（距今约3.8亿年）主要分布在可可西里山以南莲水湖－西金乌兰湖一带，主要为海相沉积地层。

石炭纪－下二叠世地层出露于西金乌兰带。该地层主要见于苟鲁山克错以西地区，沿多格错仁强错－西金乌兰湖－苟鲁山克错一线的南北两侧呈带状分布。可可西里南部的岗齐曲和北部的西金乌兰湖是两个出露带。前者是上二叠统假整合其上，后者为上二叠统不整合，均未见下伏地层。

二叠系（距今约2.6亿年）出露于可可西里西北部的勒斜武担湖以西及西金乌兰带的岗齐曲，前者为下二叠统，后者为上二叠统。其中勒斜武担湖以西二叠系又可分为北带和南带。北带分布于太阳湖向西沿鲸鱼湖盆地两侧山体分布，南带出露在勒斜武担湖以西，沿围山湖和喀拉米兰山口向西延展。

上二叠统－下三叠统分布在西金乌兰带北部，即西金乌兰湖北侧并东延到移山湖一带。三叠系广泛分布于可可西里和西金乌兰带，为活动型海相沉积，与北邻的东昆仑区和南部的唐古拉区等稳定性沉积不同，东沿与巴颜喀拉山和玉树带自然连接。

可可西里南面羌塘－唐古拉区的海相侏罗系向北超覆到西金乌兰带西南部，达到永波湖－乌兰乌拉湖－章玛措钦一线。该区的侏罗纪地层从中侏罗世开始沉积，延续到晚侏罗世，缺失下侏罗统，上面被陆相白垩系不整合覆盖。白垩系（距今约1亿年）多为陆相沉积，主要出露在可可西里与西金乌兰带以及西金乌兰带与唐古拉山区毗邻的地带，其中在西金乌兰带东段的风火山垭口地区尤为发育。

可可西里第三系（距今约0.7亿年）有内陆盆地型沉积和大陆火山型产物两种。内陆盆地型沉积主要分布在现代湖盆区外围和河流谷地边缘的内陆盆地型第三系沉积，与白垩纪沉积盆地有重叠现象，但无继承和连续沉积关系。大陆火山型沉积的分布南至羌塘－唐古拉山口向北未及东昆仑区，可可西里西部最为发育。

第四系（距今约260万年）主要沿河流谷地和湖泊盆地分布，分为下更新统湖积、中更新统洪积、上更新统－全新统湖积、全新统冰水堆积和风沙堆积等。

岩浆活动

可可西里地区在地质历史时期伴随着板块运动，火山活动相对活跃，目前可可西里侵入岩主要呈星点状零散分布，总体上主要分布在可可西里山以北和以东区域、乌兰乌拉山以东区域以及唐古拉山以北区域。

可可西里山以北和以东区域侵入岩岩体个数较多，成群分布。岩石类型有闪长岩、二长花岗岩、花岗岩、花岗斑岩、正长岩、石英正长岩等，花岗岩类侵位时代大体为晚三叠世–早侏罗世和白垩纪两个时间段。

乌兰乌拉山以东区域侵入岩活动微弱，零星分布，主要侵入到侏罗系–白垩系，岩石类型以似斑状二长花岗岩、似斑状钾长花岗岩为主，次见花岗闪长岩、石英闪长岩，呈岩株或岩脉产出，侵位时代主要为早–中侏罗世和晚白垩世。

唐古拉山以北区域侵入岩活动相对较强，主要为花岗岩类，侵入体较集中，活动时代为三叠纪–古近纪，尤以晚三叠世–白垩纪为主。

地质历史时期可可西里火山岩浆活动也较为活跃，发育较多的火山碎屑岩，呈透镜状或层状产于下二叠统以砂岩为主的岩组中，包括玄武岩、安山岩等。三叠纪火山岩在可可西里并不发育，主要分布在东南部的青藏公路两侧，如沱沱河沿岸、二道沟东西两侧等地。新生代火山岩活动十分强烈，主要分布在昆南断裂以南和卓乃湖以西的区域，并受构造所控制。

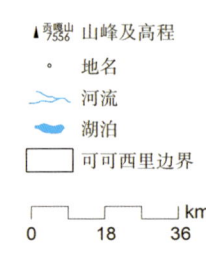

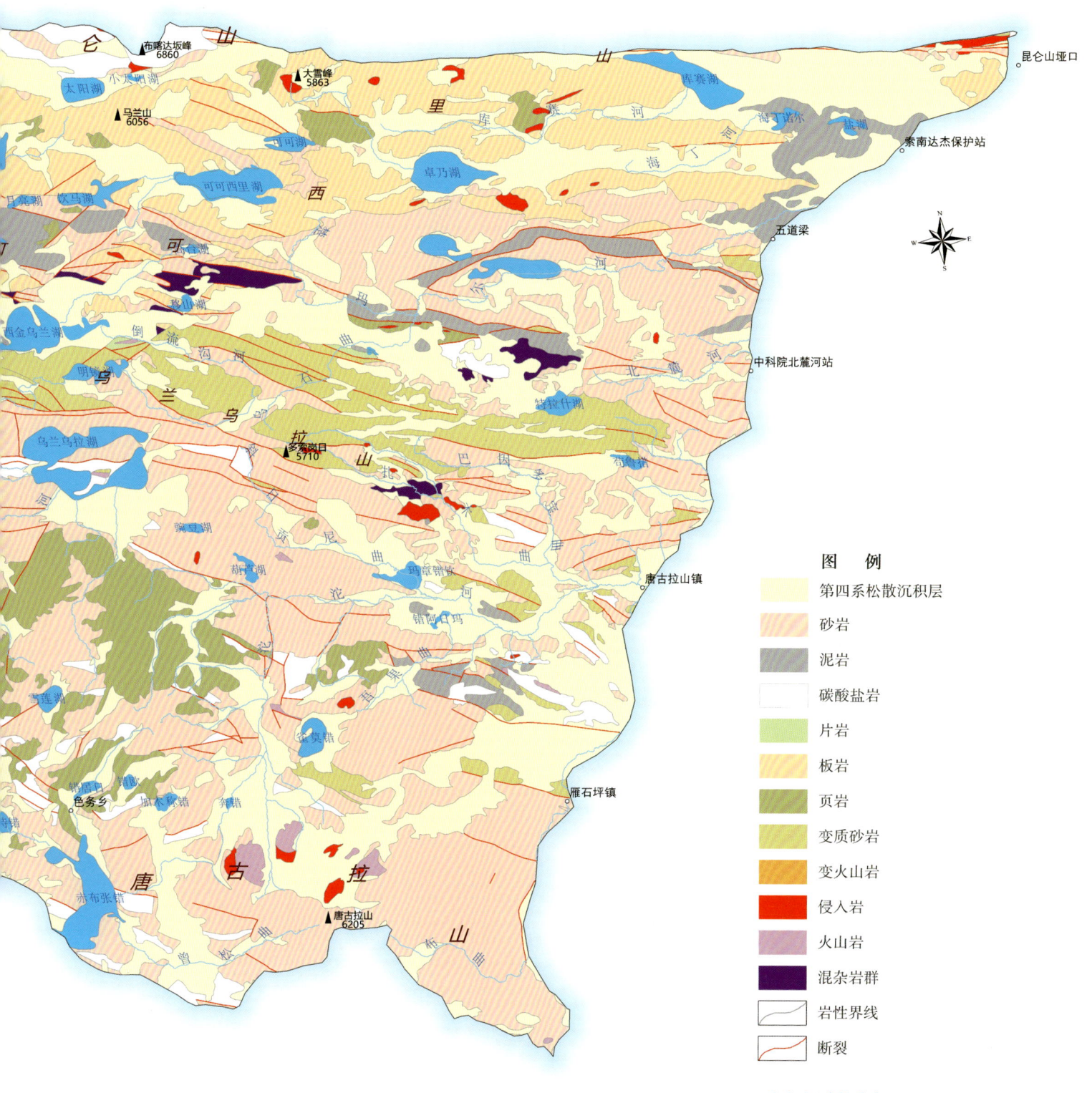

可可西里岩性分布

此图岩性分布的绘制据中国地质调查局西安地质调查中心董英、高满新等的研究。

活动断裂及地震

晚第四纪以来，可可西里地区的构造变形风格以走向滑移断裂为主。调查表明，可可西里地区活动的断裂带主要有六条。

此外可可西里外围的西大滩活动断裂带也为一主要的断裂带，该断裂带并非与布喀达坂峰－库赛湖－昆仑山口全新世活动断裂带属同一条断裂带。

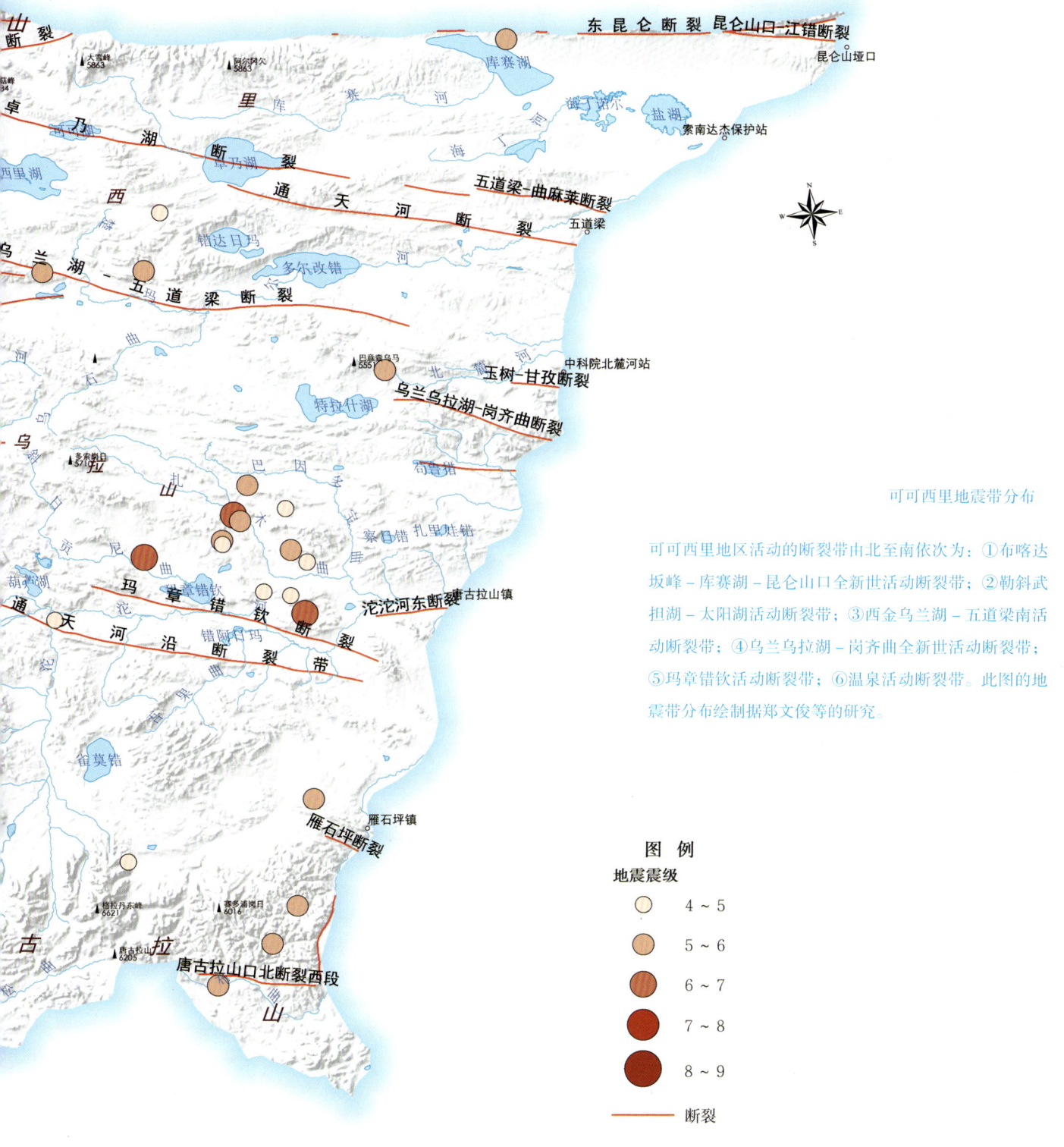

可可西里地震带分布

可可西里地区活动的断裂带由北至南依次为：①布喀达坂峰－库赛湖－昆仑山口全新世活动断裂带；②勒斜武担湖－太阳湖活动断裂带；③西金乌兰湖－五道梁南活动断裂带；④乌兰乌拉湖－岗齐曲全新世活动断裂带；⑤玛章错钦活动断裂带；⑥温泉活动断裂带。此图的地震带分布绘制据郑文俊等的研究。

图 例

地震震级
- 4～5
- 5～6
- 6～7
- 7～8
- 8～9

—— 断裂

可可西里是中国西部现代构造运动最活跃的地带之一。自1920年以来震级≥6.0级的地震共发生过10余次,其中2001年11月14日发生在昆仑山垭口西的8.1级大地震,是由昆仑山左旋走滑断裂引起的,形成的地表破裂带规模宏大,长达450千米,宽数米到数百米,是目前已知大陆板块内部地震形成的最长地表破裂带。地震破裂带、地震鼓包和张扭性分支破裂的规模大小不一。该地震是近60年来中国最大的一次地震,也是全世界21世纪以来8.0级以上次数不多的大地震之一。20世纪80年代以来,可可西里地区地震活动进入一个活跃期,地震活动的频次和强度都较过去有明显增加。

第四章

冰冷的可可西里

在这里绝大部分土地下覆冰冷的多年冻土,且土层下含有厚层地下冰。地下冰有网状的、有层状的、有脉状的……总之,这一片土地高峻而寒冷。

冰冷的
可可西里

8. 关于冻土

  冻土和多年冻土

  冻土的冻结温度

9. 多年冻土的冻融

  广泛发育的多年冻土

  多年冻土活动层

10. 多年冻土中的地下冰

  地下冰含量

  地下冰类型

  地下冰的结构

关于冻土 8

当我们提到"冻土"一词时，可能会有扑面而来的冰冷感觉。的确，北方的冬季天寒地冻，地面冻得硬邦邦，这就是所谓的冻土。冻土在北方是十分常见的一种现象。

可可西里分布着大片的高海拔多年冻土，如果不进行专业的探查，我们不能分辨哪里有冻土，冻土层有多厚，冻土层正在发生着怎样的变化。

然而，青藏公路和青藏铁路穿越大片的多年冻土区，多年冻土的活动直接影响着高原地区的生态环境和交通安全，探查冻土可对高原工程建设和维护提出风险规避策略，也对高原生态环境保护提供科学建议。此外，查清多年冻土的分布和变化可以指示和判断气候变化趋势。因此多年冻土的分布和发育状态是青藏高原科学考察的重要课题之一。

冻土和多年冻土

冻土是指零摄氏度以下，并含有冰的各种岩石和土壤。

根据冻土存在时间，将冻土分为瞬时冻土、季节冻土和多年冻土。其中瞬时冻土指的是维持数小时的冻结状态，其余时间处于融化状态的土层和岩层。冬季冻结、夏季完全融化的土层和岩层为季节性冻土。多年冻土是冻结状态持续两年或两年以上的土层和岩层。

根据多年冻土形成与存在的自然条件不同，我国多年冻土又分为东北的高纬度多年冻土和青藏高原的高海拔多年冻土。

可可西里出露的多年冻土

多年冻土岩芯

昆仑山南坡泥炭质多年冻土岩芯

多年冻土岩芯截面（白色为冰）

昆仑山北坡多年冻土岩芯

北麓河钻探出的多年冻土岩芯

冻土的冻结温度

冻水大

冻结温度是指土体内部自由水开始冻结的温度。对于土体而言，并不是到达0℃后，土体内的自由水就开始冻结，而是要冻结一定时间后，土体内的自由水才会开始冻结。

水在0℃冻结需要同时满足"标准大气压""纯净""冻结时冰水混合而无其他物质"三个条件。土中水并不完全满足这些条件，冻结温度一般会低于0℃。

大多数情况下土的冻结温度在0℃到-2℃的范围，有些极端情况下可能会更低，如-5℃。

资料卡：与多年冻土相关的几个概念

在多年冻土区，暖季融化、冷季冻结的土层称为多年冻土的活动层，活动层的下部界限也叫多年冻土的上限。

多年冻土暖季的最高温度和冷季的最低温度随深度变化的曲线称为温度包络线，年最高地温包络线和年最低地温包络线的交点深度称为年变化深度，这个深度的温度一般称年平均冻土温度（用符号Tcp表示，指某一深度处地温基本不发生年际变化处的温度，在高原一般在15~20米深度处）。

多年冻土分布的最深处称为多年冻土下限，多年冻土的上限和下限之间的深度称为多年冻土层的厚度。

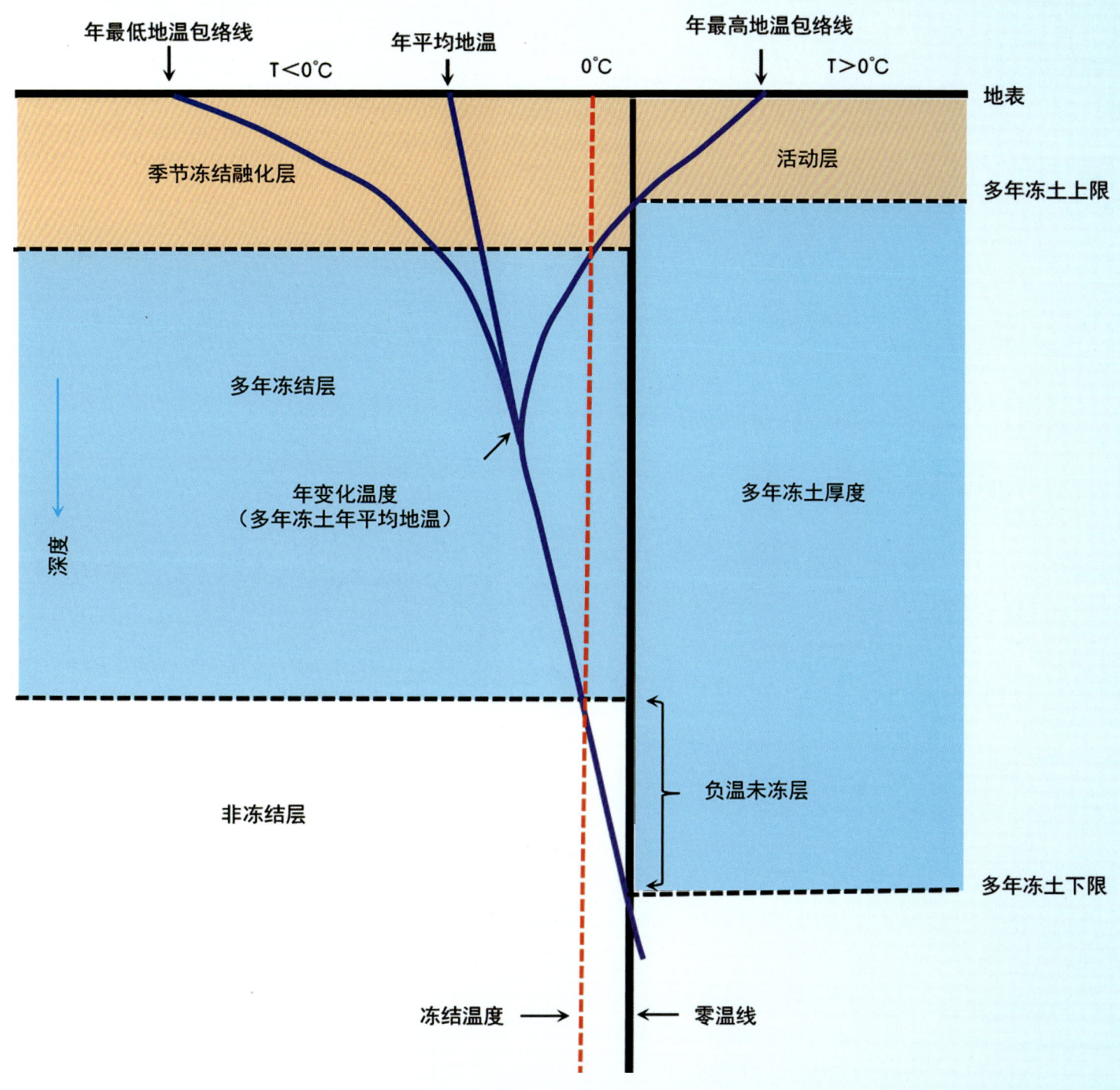

冻土剖面示意图

多年冻土的冻融

多年冻土是一种含冰的特殊土体，其特殊性表现在它的性质与温度密切相关。未冻结的融土性质主要受土体颗粒大小、成分、密度、含水量的控制。而多年冻土要复杂得多，除了受上述因素的影响外，还受含冰量的控制。

在气候转暖背景下，以及人类生产活动范围扩大引发多年冻土温度变化是不可避免的。因此多年冻土的特性表现为随时间和温度动态变化，也可以认为多年冻土是一种对温度非常敏感且性质不稳定的土体。

多年冻土受热扰动后，突出的表现是因融化深度增加而导致活动层厚度增加，顶层多年冻土或地下冰融化，地表下沉，形成热喀斯特湖、热融滑塌等热喀斯特地貌。

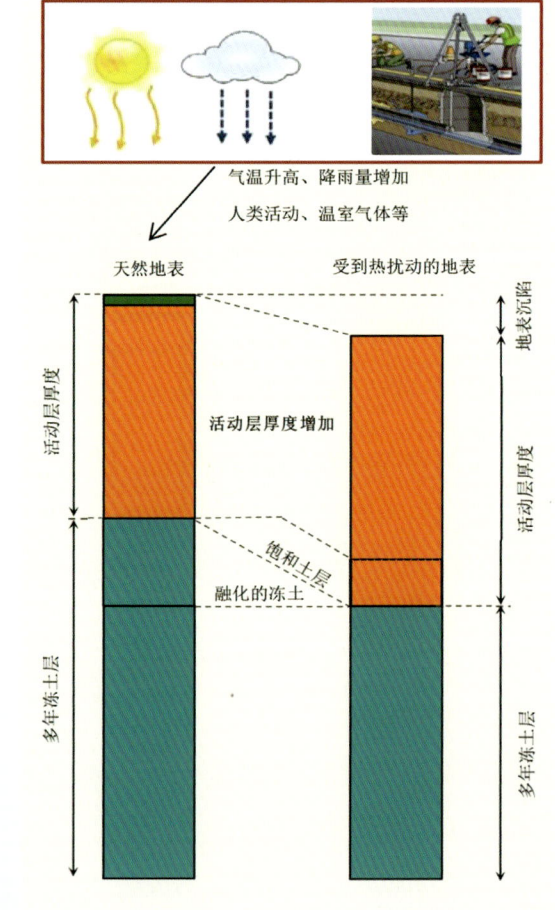

热扰动的影响

融土

融化的冻土

冻土立体剖面

冻结状态下的多年冻土，表现出较高的抗压强度，是一种坚硬的地基材料，其强度远远比融土和冰都坚硬，这也是冻土的一大特点。一旦冻土融化则强度显著降低，且因冻土中含有冰，所以冻土的蠕变和应力松弛现象非常明显。若富含冰的冻土一旦融化，基本就丧失了承载能力。

多年冻土中的水并非全部冻结成冰，总有一部分并不冻结，以液态水存在，这部分水叫未冻水或不冻水。未冻水含量与冻土温度相关，温度升高，未冻水含量增加；温度降低，未冻水含量下降。冻土的热物理性质与融土有很大差别。干燥融土的导热性能对温度变化的依赖性很小；但冻土的导热性能随含水量的不同而发生变化，含水量越大其值越大；在含水量较低的情况下，冻土与未冻土的导热系数差别不大，但在含水量较高的情况下，冻土比融土的导热系数大，甚至达到两倍；温度越低冻土导热系数越大，反之亦然。

广泛发育的多年冻土

青藏高原多年冻土年平均温度范围在0℃到-5℃之间。多年冻土的年平均温度和厚度随着海拔高度而变化,也呈现随着纬度的变化和远离海洋的距离而变化的分布规律。一般是海拔越高、年平均地温越低,则多年冻土层越厚,反之亦然。同时区域性的地质地理因素如:地质构造、地下水活动、河流的地表径流及地下潜流的融蚀作用等,都参与土和大气间的热交换作用,影响着冻土层的温度和厚度,干扰着多年冻土层的地带性规律,使得冻土层的地温变化较为复杂,变幅较大。

可可西里多年冻土基本上呈大片连续分布,多年冻土面积占总面积的90%左右,从北向南可分为五个基本带。

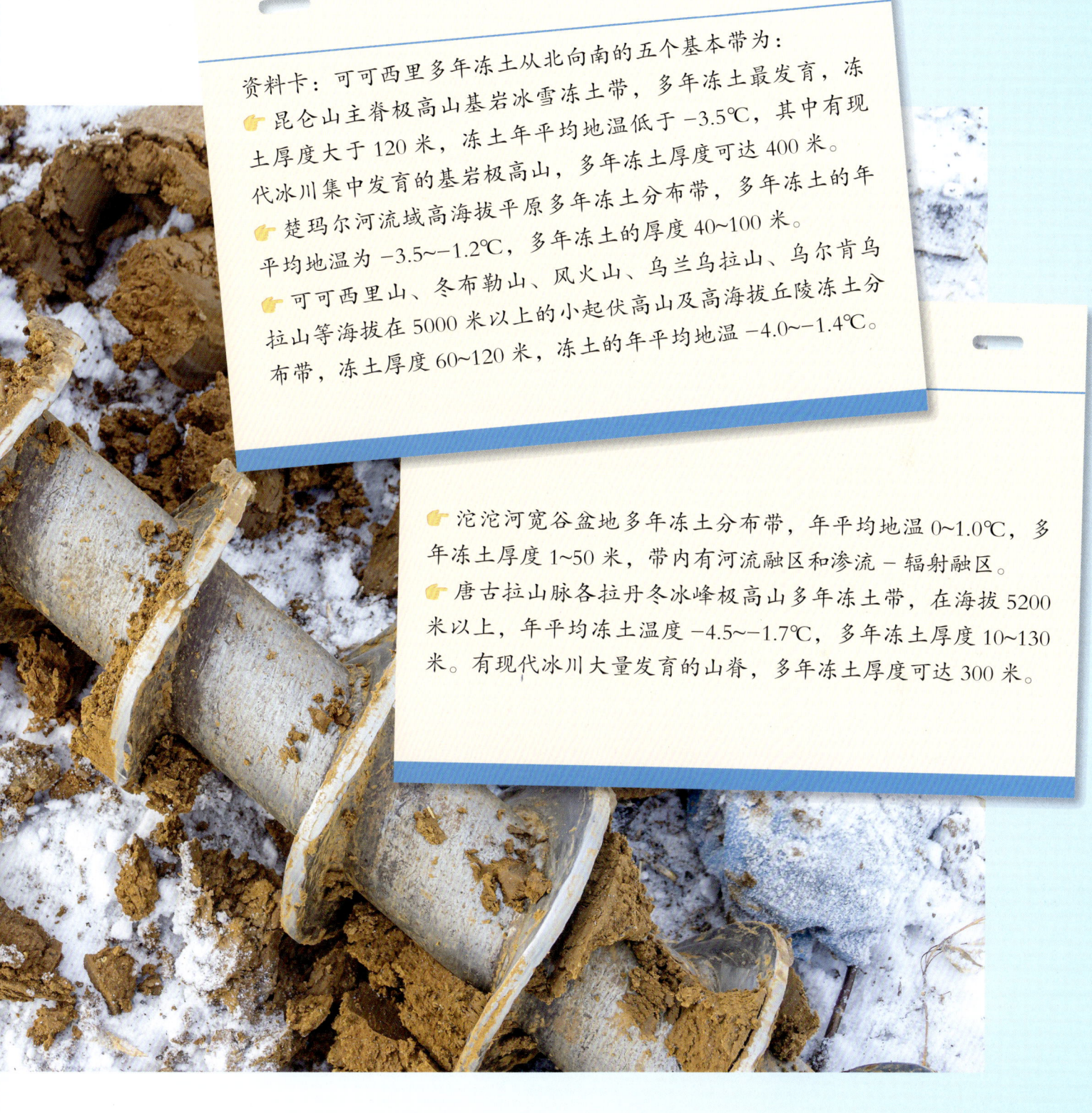

资料卡：可可西里多年冻土从北向南的五个基本带为：
- 昆仑山主脊极高山基岩冰雪冻土带，多年冻土最发育，冻土厚度大于120米，冻土年平均地温低于 $-3.5℃$，其中有现代冰川集中发育的基岩极高山，多年冻土厚度可达400米。
- 楚玛尔河流域高海拔平原多年冻土分布带，多年冻土的年平均地温为 $-3.5 \sim -1.2℃$，多年冻土的厚度40~100米。
- 可可西里山、冬布勒山、风火山、乌兰乌拉山、乌尔肯乌拉山等海拔在5000米以上的小起伏高山及高海拔丘陵冻土分布带，冻土厚度60~120米，冻土的年平均地温 $-4.0 \sim -1.4℃$。
- 沱沱河宽谷盆地多年冻土分布带，年平均地温 $0 \sim 1.0℃$，多年冻土厚度1~50米，带内有河流融区和渗流－辐射融区。
- 唐古拉山脉各拉丹冬冰峰极高山多年冻土带，在海拔5200米以上，年平均冻土温度 $-4.5 \sim -1.7℃$，多年冻土厚度10~130米。有现代冰川大量发育的山脊，多年冻土厚度可达300米。

走近高冷的可可西里

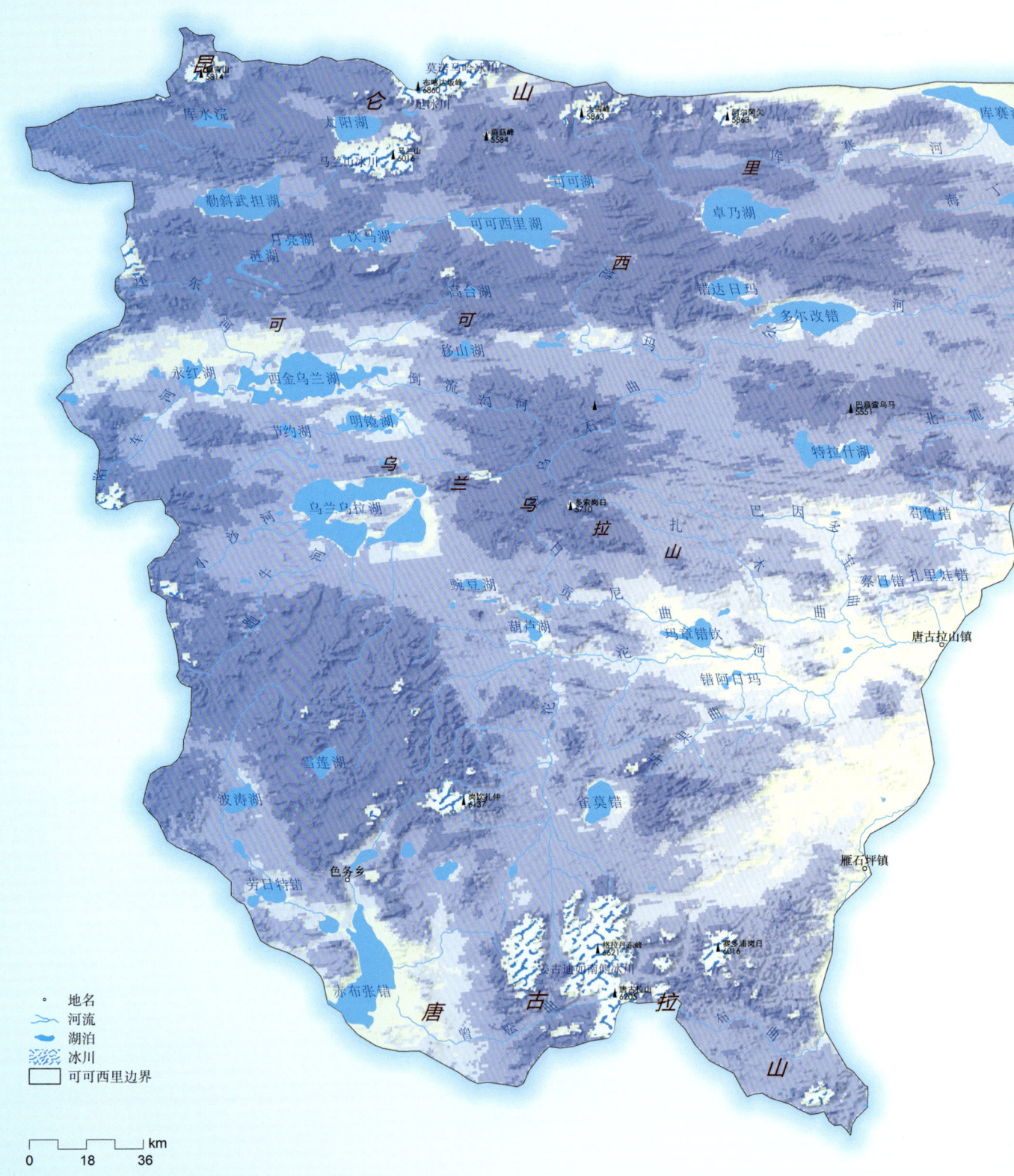

此图的绘制据国家青藏高原科学数据中心尹国安等的研究（2021）。

可可西里多年冻土年平均地温

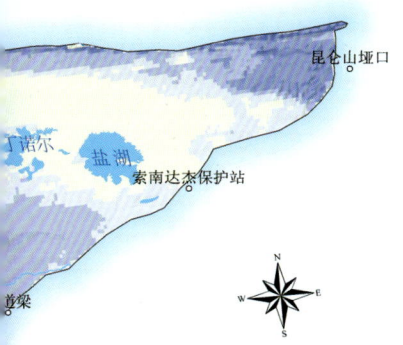

冻土年平均温度和冻土层的地温变化直接影响着多年冻土上的工程地质稳定性状况。

年平均温度越低的冻土区，其稳定性越高。

资料卡：多年冻土的类型

根据不同温度多年冻土工程地质稳定性状况，按照多年冻土年平均温度由低到高，将多年冻土分为四种类型，分别是：
- 低温稳定多年冻土区，年平均地温 < -2℃。
- 低温基本稳定多年冻土区，-2℃ ≤ 年平均地温 < -1℃。
- 高温不稳定多年冻土区，-1℃ ≤ 年平均地温 < -0.5℃。
- 高温极不稳定多年冻土区，年平均地温 ≥ -0.5℃。

图 例
多年冻土年平均地温(℃)
- \> -0.5
- -1 ~ -0.5
- -1 ~ -2
- < -2

可可西里多年冻土广泛，低温稳定多年冻土区面积约占 35%。低温基本稳定多年冻土区约占 38%。高温不稳定多年冻土区约占 13%。高温极不稳定多年冻土区约占 14%。

多年冻土活动层

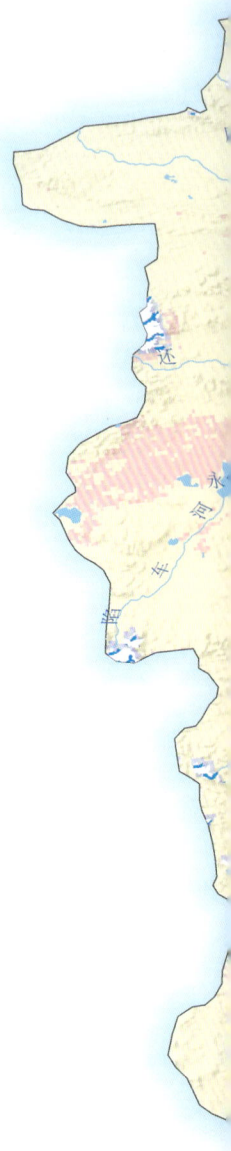

可可西里广阔的多年冻土区一般活动层厚度为0.8~3.0米。活动层厚度因地貌、地质构造、植被覆盖度、地表水、地下水、地层含水量、含冰量、岩性特征等不同而异。

在海拔4600米左右的宽谷盆地冻土带内地形低洼、水分富集，地下冰发育，第四纪沉积的砂黏土及黏土类地层，活动层厚度一般在0.8~1.2米，并在上限附近有地下冰形成。

在小起伏高山及高海拔丘陵地带，活动层厚度一般在1.0~3.0米。

海拔5500米以上的高山基岩出露地和粗岩屑分布山地，由于它的导热率良好，活动层厚度为3~4米或更大。

- 地名
- 河流
- 湖泊
- 冰川
- 可可西里边界

0 18 36 km

可可西里多年冻土活动层厚度

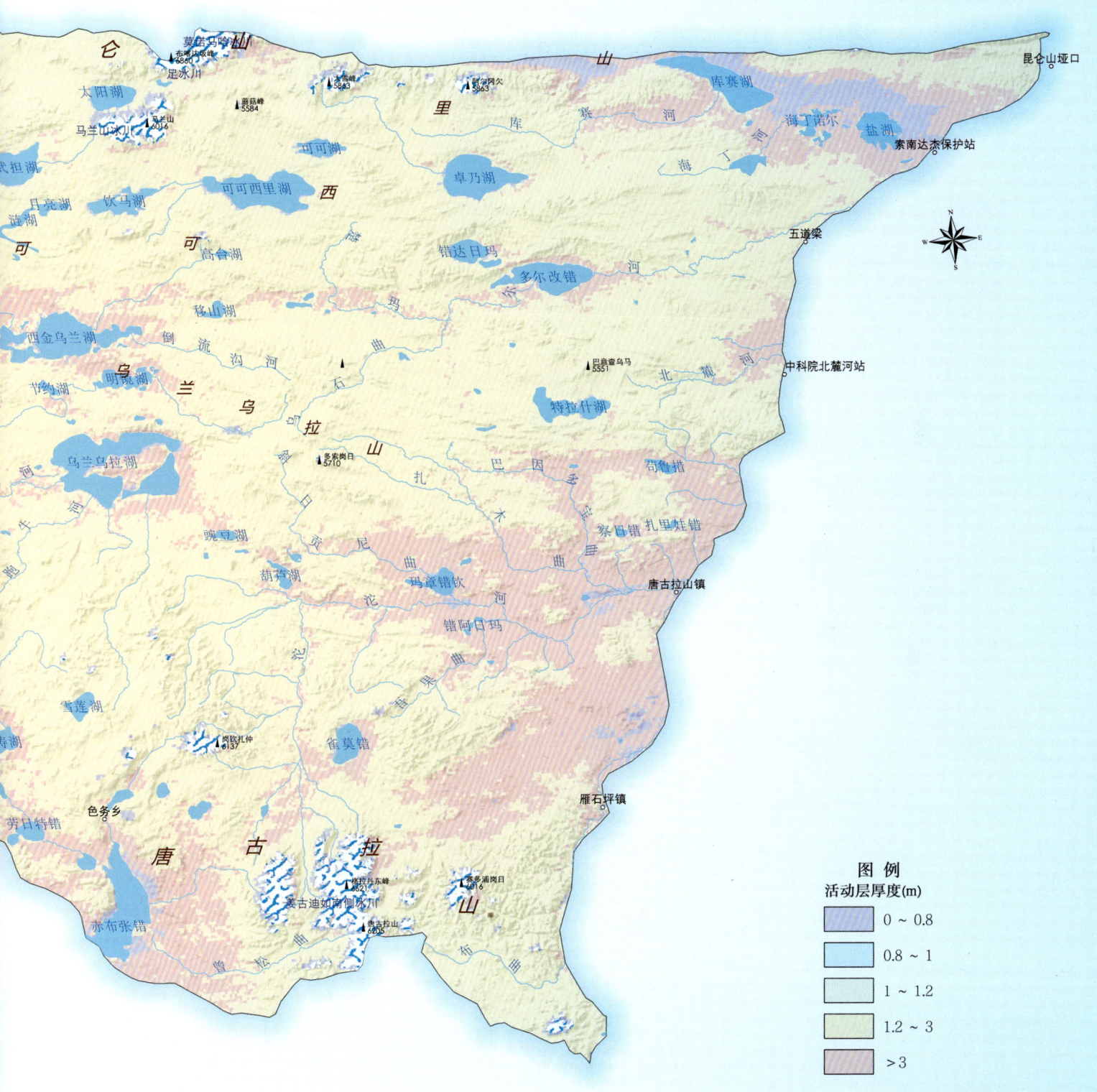

此图多年冻土活动层厚度数据源于国家青藏高原科学数据中心尹国安等的研究（2021）。

多年冻土上限

可可西里斜坡地段多年冻土活动层剖面

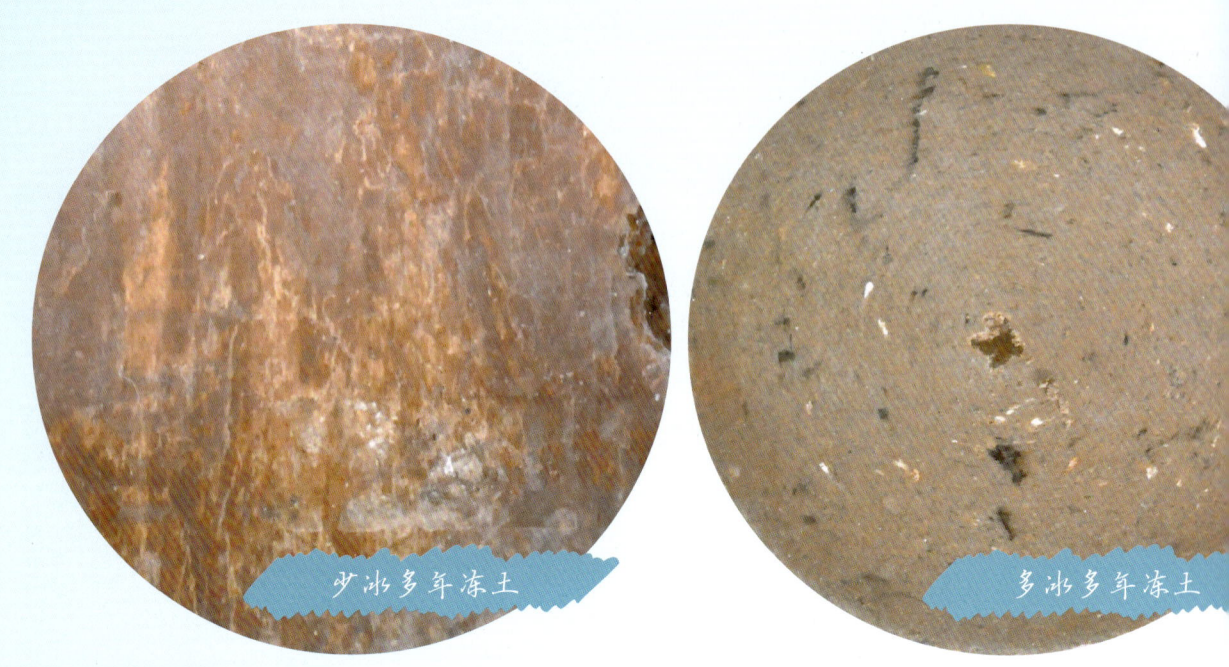

少冰多年冻土　　多冰多年冻土

多年冻土中的地下冰 10

地下冰含量

饱冰多年冻土

地下冰是自然条件下，埋藏在地表下任何厚度土、岩层内部的冰的总称。土体中冰的存在对冻土区生态、地气间的水循环、碳循环等产生重要影响，土体中冰的存在也影响着多年冻土的物理性质、力学特性、及工程地质与水文地质条件。

在多年冻土区，气候变化和人类活动会导致冻土融化。冻土中地下冰是影响地基承载特性、地形变、冻土斜坡稳定性的一个重要因素。在工程选线、建筑物基础设计、工程结构性能优化方面需要充分考虑这一因素，并采用特殊的方法和技术来应对地下冰对地基稳定性的影响。

含冰是多年冻土的主要特征，青藏高原多年冻土有少冰、多冰、富冰、饱冰、含土冰层或纯冰层等五种含冰量由低到高的多年冻土。五种类型的冻土在可可西里均有分布。

富冰多年冻土

资料卡：

结合野外工作，采用了以可见冰体积含冰量大小及冻土构造为标准的判断方案，将青藏高原多年冻土根据含冰量分为五种类型。

👉 少冰冻土，体积含冰量≤10%，肉眼看不见冰层，胶结性差、易碎、无过剩冰。

👉 多冰冻土，10%＜体积含冰量≤20%，偶尔可见微冰透镜体或小颗粒冰，颗粒周围有冰膜。

👉 富冰冻土，20%＜体积含冰量≤30%，可见分布不均匀的冰透镜体和薄冰层，不规则走向的冰条带。

👉 饱冰冻土，30%＜体积含冰量≤50%，冰土普遍相隔分布，明显定向的冰条带。

👉 含土冰层或纯冰层，体积含冰量＞50%，大量可见冰，冰体积大于土体积。

含土冰层　　　　　纯冰层

含土冰层

纯冰层

饱冰冻土

含土冰层

地下冰类型

地下冰类型较多，包括与土层冻结过程相伴而被冻结的胶结冰、孔隙冰、分凝冰等；侵入冻土层中的侵入冰和裂隙冰；发育于地下洞穴中的洞穴冰；以及埋藏于土层下的河冰、冰椎冰、冰川冰以及积雪等。

按照地下冰的形成方式，也可以将地下冰分为外成冰与内成冰。

外成冰指在地壳外形成的冰，如冰川冰、粒雪冰，经埋藏之后形成。

内成冰指在地壳（土体）中形成的冰。根据水汽来源的不同、冰发育位置的不同可以分为3种不同的成冰作用。

水分在土体中的原位冻结，孔隙大小保持不变，称为胶结成冰作用，形成的冰为胶结冰。胶结冰主要形成于含水量小的土壤或在快速冻结过程中形成。

在压力作用下进入的自由水冻结成冰，称为侵入成冰作用，形成的冰称为侵入冰。

若水分向冻结锋面迁移，冻结的冰体积超过原来的土体孔隙，这种作用称为分凝成冰作用，形成的冰为分凝冰。

饱水或富水的细颗粒沉积物中，由于冻结过程缓慢，水分在反复冻结过程中有充分的时间向冻结锋面迁移，便形成多次重复分凝的厚层地下冰。

分凝冰体通常肉眼可见，厚度可由几公分到几十米。

错达日玛出露的地下冰

侵入冰

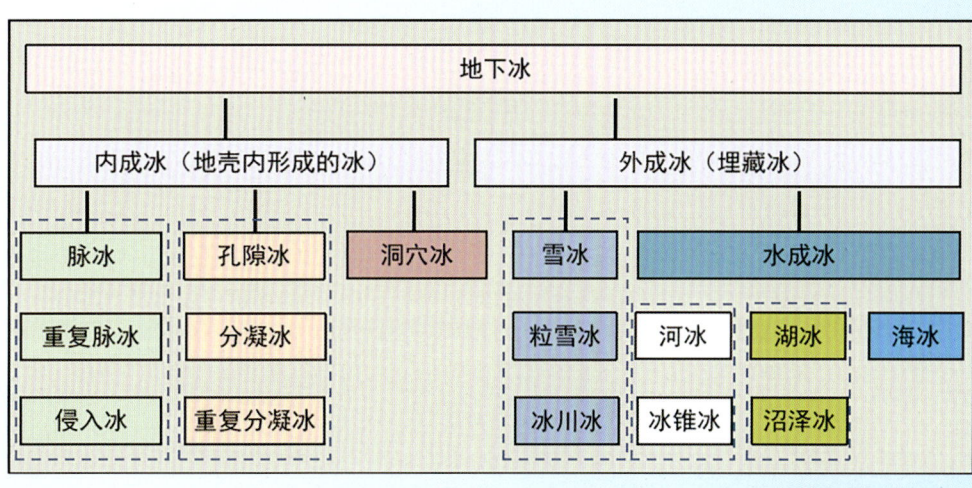

青藏高原地下冰的分类

地下冰的结构

青藏高原的地下冰具有细粒状、微层状、厚层状、透镜状、脉状等形式，与土体组合构成整体状、层状、针状、网状、斑状、砾岩状、包裹状、裂隙－脉状等的冻土构造。在湖相、坡积－泥流相土层中，存在着厚度不等的层状地下冰，主要是以分凝形式形成的属高含冰量主要分布地段，在中细砂层中形成整体状构造。在砂砾石层中，主要以砾岩状、包裹状地下冰存在，含量较小。在冻结的基岩中，地下冰仅以裂隙－脉状冰的形式充填于基岩裂隙中，含冰量取决于基岩裂隙大小与充水程度。地下冰发育深度一般在20米以内，特别富集于多年冻土上限以下0.5~10米深度。

暴露的纯冰层剖面

悬浮状地下冰

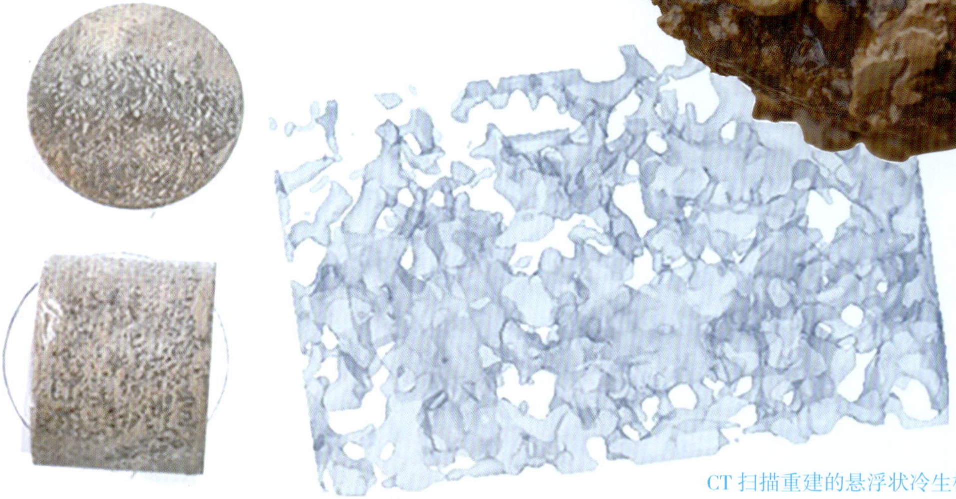

CT扫描重建的悬浮状冷生构造

悬浮状地下冰

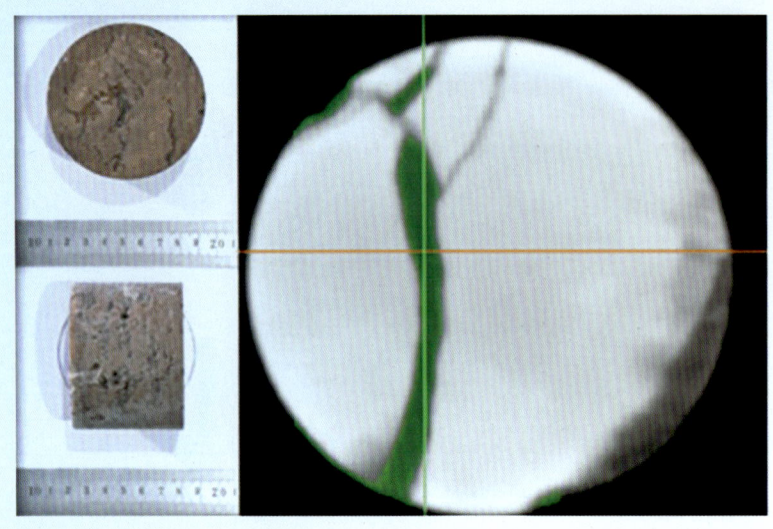
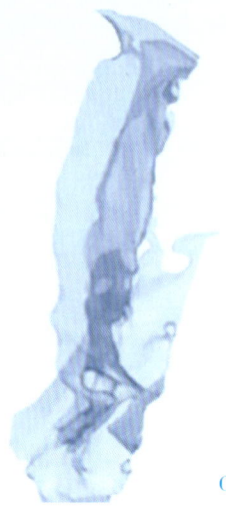

CT 扫描后计算机重构的脉状结构

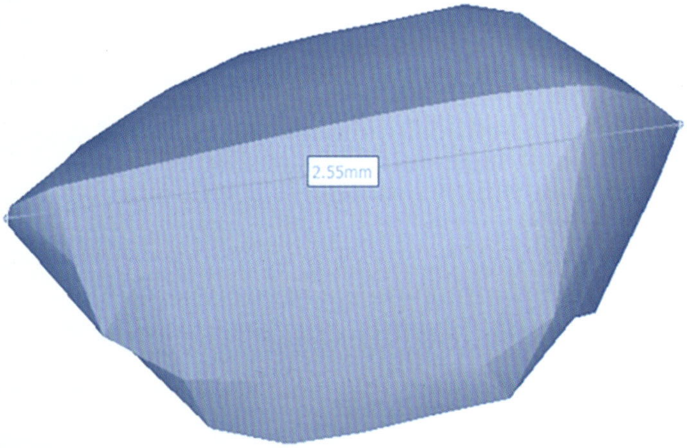

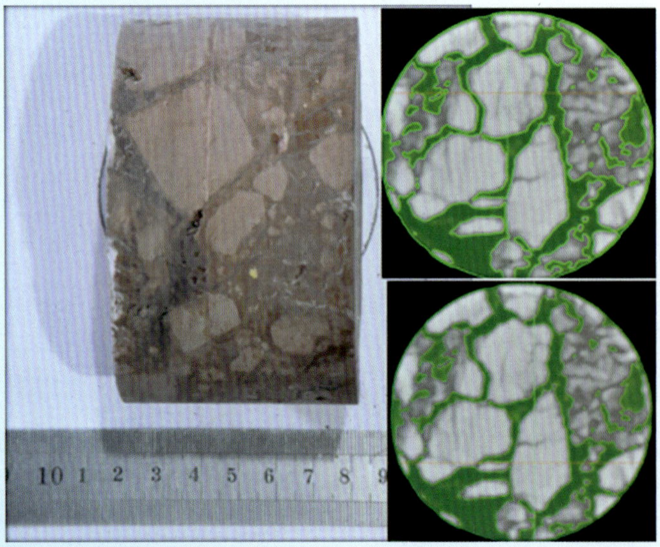

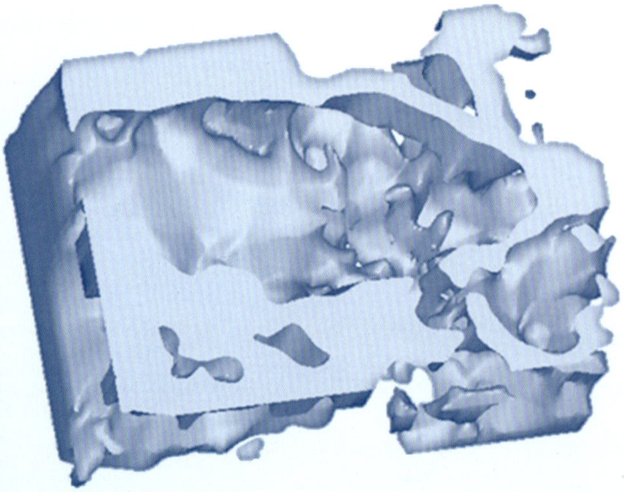

CT 微结构扫描重建的壳状结构

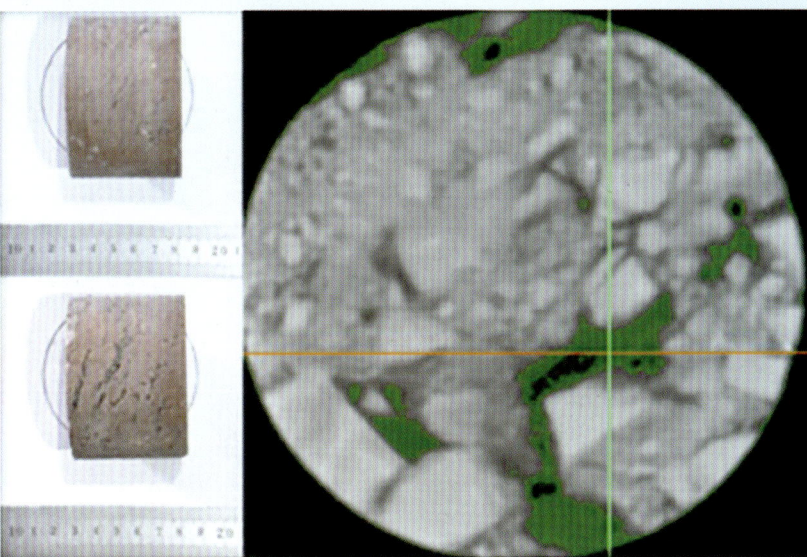
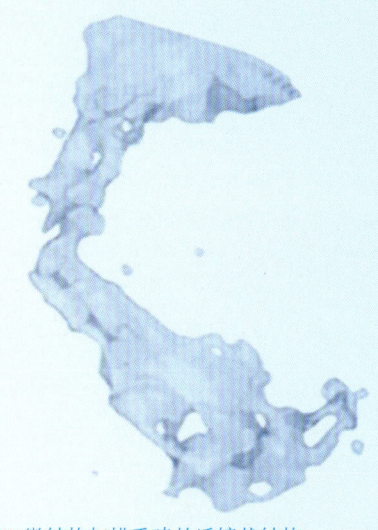

CT 微结构扫描重建的透镜状结构

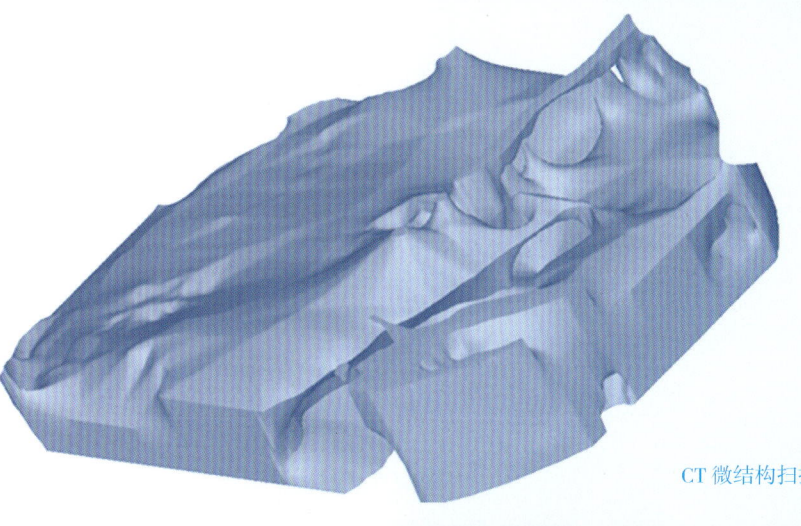

CT 微结构扫描重建的小冰晶（直径 2.55mm）与层状冰（厚度 21mm）

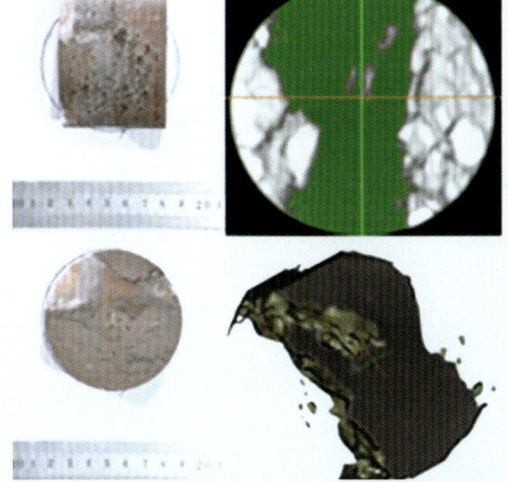
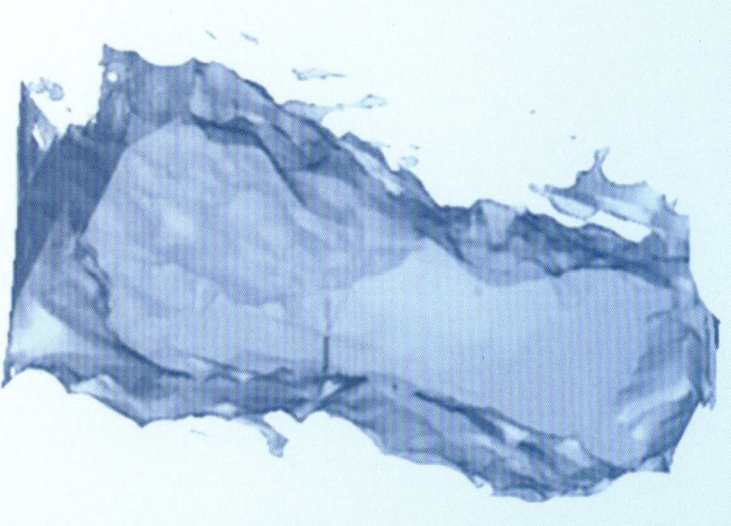

CT 微结构扫描重建的斜层状结构

冰胀丘中发育的针状冰

斑状结构地下冰

单个冰晶

第五章

冻融改造中的可可西里

受全球气候变暖的影响,美丽的可可西里正经历着千年未有的变化。

这个宁静的地方,因为多年冻土消融、退化,

正面临着生态环境恶化、冻融灾害加剧、湖泊溃决等一系列环境问题。

日益扩大的热融滑塌、热融湖塘,以及反复发育的冰椎、冰幔、冻胀丘在回应着气候的冷热交替,

改变着这里的生态景观,威胁着这里的生态安全。

冻融改造中的可可西里

11. 热融改造

　　热融滑塌

　　热融湖塘

　　热融沉陷

　　热融泥流

　　热融沟

12. 冻胀改造

　　冻胀丘

　　冰椎、冰幔

　　冰楔和砂楔

　　冻拔、冻拔石

　　冻胀草丘

13. 循环冻融改造

　　冻融蠕滑

　　泥流阶地

　　冻融分选

　　冻融分化

热融滑蹋

热融改造 11

可可西里的多年冻土中冰的体积占比较高，部分地区接近于纯冰层，这样的多年冻土对热的扰动非常敏感。在全球气候变暖及可可西里边缘地带人类活动的双重影响下，多年冻土正在发生着一系列的变化（或者称退化）过程，突出表现为活动层厚度增加、地温升高、地下冰融化等，由此在地表会诱发一系列的热融现象发生，这一过程称热喀斯特过程。

可可西里的各种热喀斯特过程正在改变着区域地表环境、生态环境、水文环境等及工程安全运行。

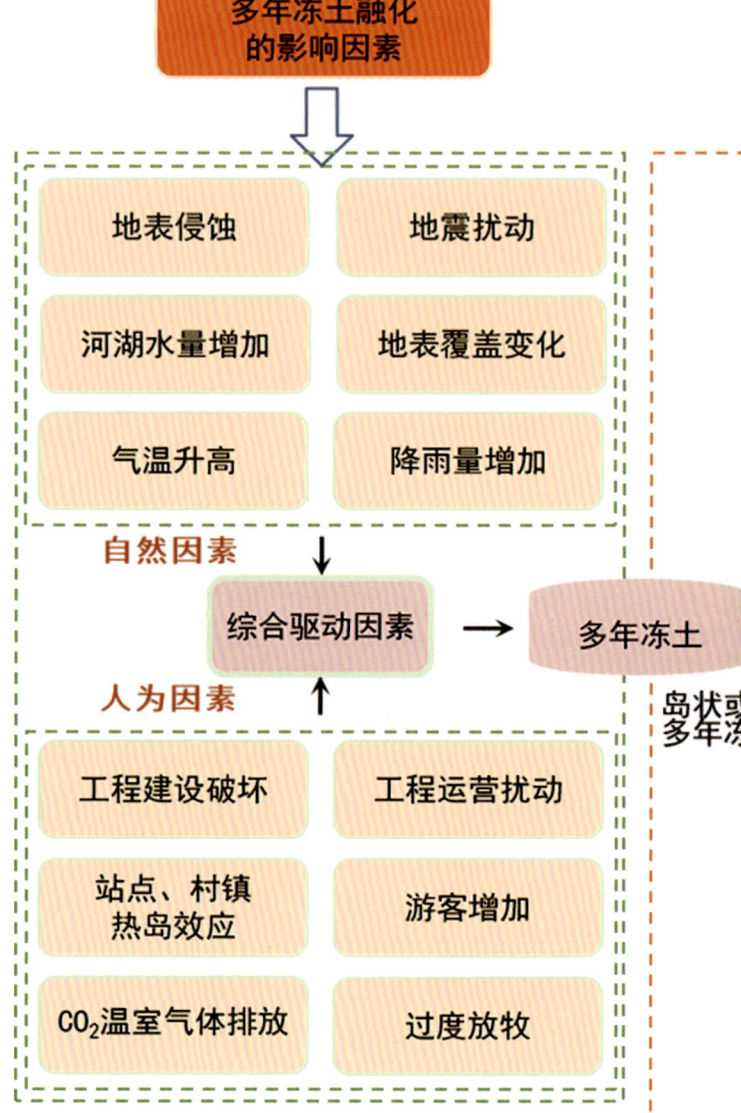

多年冻土热融过程及其影响

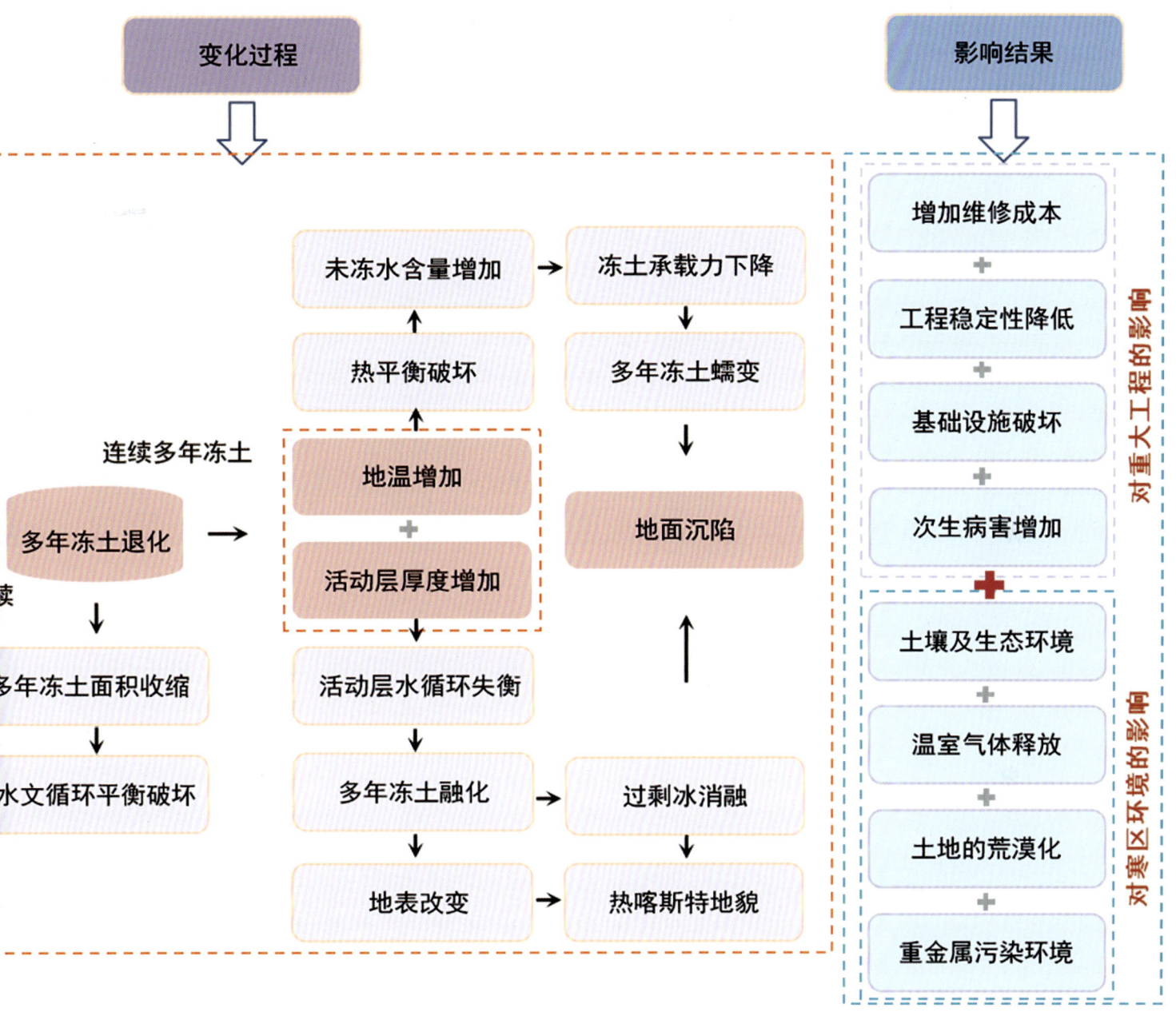

热喀斯特（thermokarst）一词于 1932 年由 Ermolaev M M 首次提出，用于描述西伯利亚北部海岸一带地下冰融化和破坏形成的扰动地形。热喀斯特一词的使用范围现已扩大，包括所有涉及各种地下冰融化过程对地表的塑造作用都叫热喀斯特。任何微环境扰动都能导致地下冰的融化，从而产生热喀斯特过程。热喀斯特过程可能是自然因素引起的，也可能是人为原因造成的。

热融滑塌

热融滑塌是可可西里典型的热喀斯特地貌之一。

可可西里热融滑塌比较发育，根据 2018—2019 年的高分遥感解译结果显示，共解译可识别的热融滑塌 1734 处，滑塌总面积约为 30.82 平方千米。热融滑塌规模差异较大，最大的面积约是最小的 650 倍，最大的 1 处面积约 20 万平方米，最小的 1 处面积仅约 307 平方米，其中 5000 平方米以下的热融滑塌发育最多。

热融滑塌

什么是热融滑塌

热融滑塌是多年冻土区斜坡上的岩土体，受自然或人为因素的扰动，下部的富冰多年冻土或厚层地下冰融化，在重力作用下沿着一定的软弱面或者软弱带，整体或者分散地顺坡向下滑动的现象。在冻土学词典中热融滑塌又称溯源融流滑坡。

热融滑塌

走近高冷的
可可西里

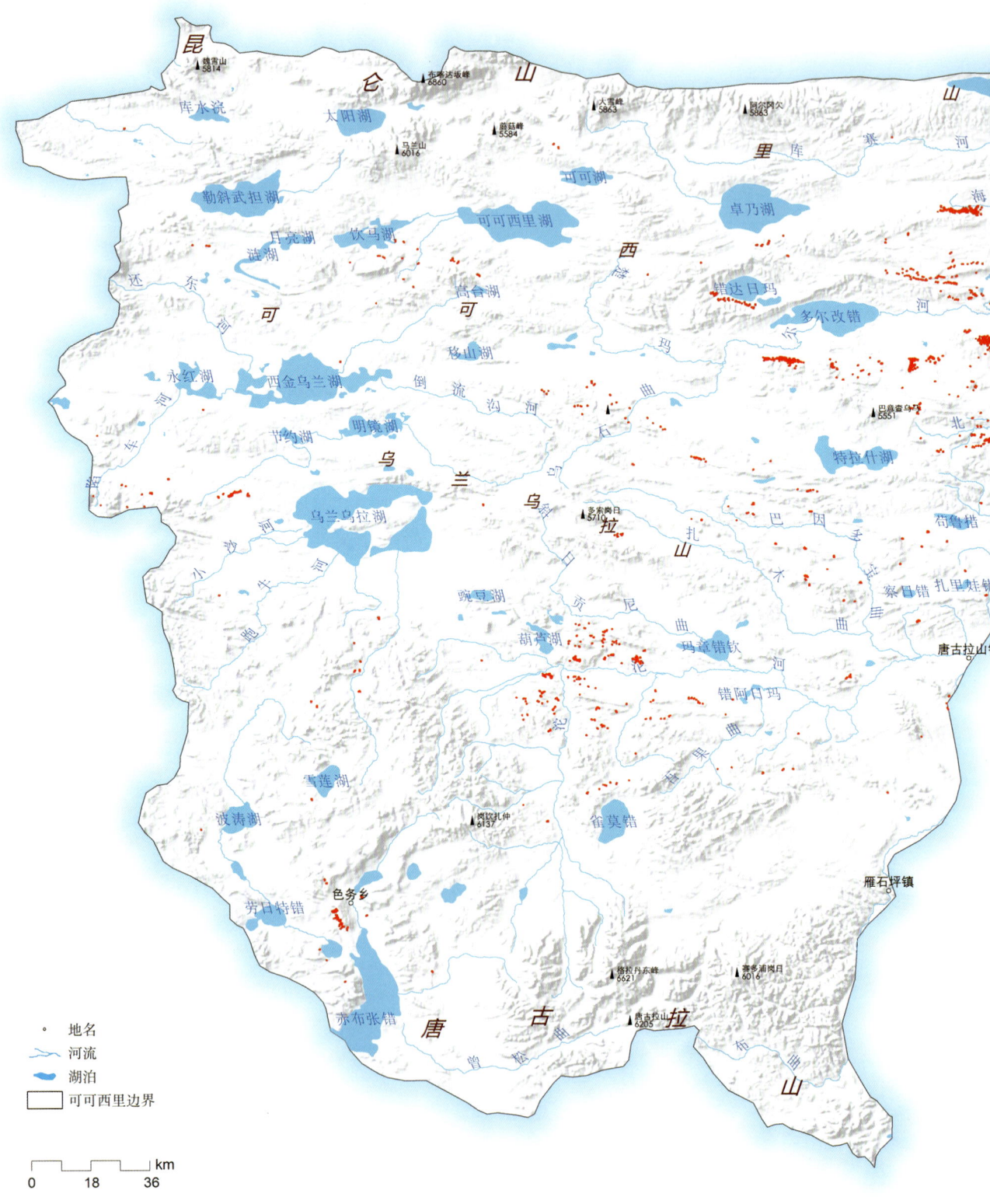

可可西里热融滑塌分布

5000平方米以下的热融滑塌共有469处，约占总体数量的27%；
5000~10000平方米的热融滑塌387处，约占数量的22.3%；
10000~20000平方米的热融滑塌399处，约占数量的23%；
20000~30000平方米的热融滑塌共189处，约占数量的10.9%；
30000~40000平方米的热融滑塌99处，约占数量的5.7%；
40000~50000平方米的热融滑塌64处，约占数量的4%；50000平方米以上的热融滑塌发育较少。

热融滑塌的分布受海拔高程、坡度、坡向的影响。此图热融滑塌的数据源于姚苗苗、林战举、范星文等的研究（2022）。

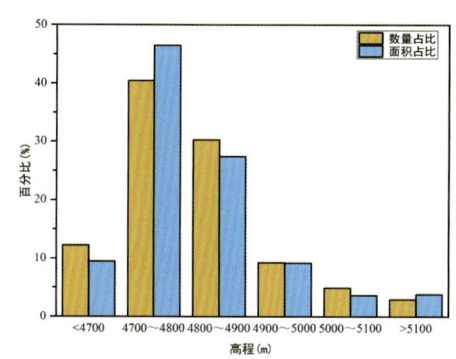
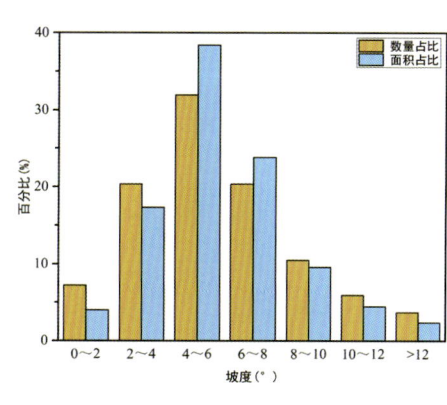
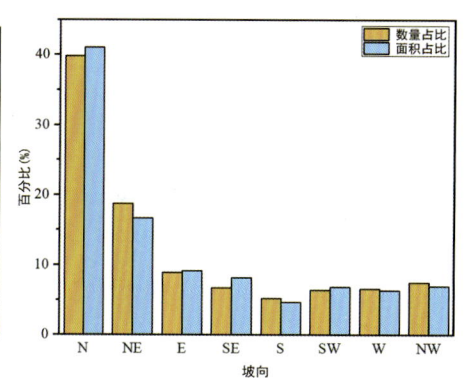

图　例
- 热融滑塌
- 乡镇级行政中心
- 河流
- 湖泊
- 可可西里边界

热融滑塌快速发育会改变区域环境，还会影响基础设施的安全。展开来说体现在地表景观格局、生态环境、气候环境、水环境等的改变，同时影响重大工程设施和牧区群众生命财产安全。

可可西里南部色务乡一带坡面发育的热融滑塌群

热融滑塌导致地表沙化

地表景观格局的改变

热融滑塌发生后，表层土体移动，地表裸露，改变了地表的景观格局，在地面形成"牛皮癣"状地貌，从视觉上影响了高原景观环境。同时，滑塌区地表很容易造成荒漠化或沙漠化，主要是由于高原地区土壤颗粒较粗糙且松散，滑塌区长期地表裸露，无植被遮盖，土壤固着力降低，干燥的地表在高原强风沙环境下加快了荒漠化进程。

热融滑塌导致的水土流失

生态环境的改变

热融滑塌导致的地表裸露，促使了高寒生态系统的退化。虽然目前热融滑塌引起的高寒生态系统退化占比较小，但大面积的热融滑塌引起的植被退化还是不容小觑。青藏高原气候寒冷，植被生长慢，一旦地表裸露后，恢复至少需要50年，青藏公路建设期间地表破坏导致的裸露区至今有些地方还没有完全恢复。

气候环境的改变

青藏高原面积广大，多年冻土中蕴含着丰富的碳、氮元素，研究显示全球碳汇区有一半以上分布在多年冻土带，热融滑塌导致的地下冰融化会促进有机物分解，释放固结在冻土层的温室气体，通过大气循环对全球气候产生反馈，加速全球变暖。

热融滑塌导致的水土流失

水环境的改变

热融滑塌发生后首先导致活动层厚度增加，进而在纵向上打破了活动层的水量平衡，使得下渗的水量增加，导致浅层土壤干燥。在横向上滑塌区和未滑塌区的水力联系也可能遭到破坏，加速了未滑区地下冰的消融。此外，地下冰融化后，可能释放出早期冻结在地下的化学溶质，甚至有重金属元素，这些物质随着泥流流入河流、湖泊或者扩散在地表，会造成水环境的污染。

热融滑塌导致的地下冰融化和固态水资源损失

热融滑塌可能对公路造成潜在的影响

热融滑塌坍塌体摧毁青藏铁路围栏

热融滑塌泥流物掩埋道路

对重大工程基础设施的影响

冻结状态下多年冻土是良好的地基材料，一旦冻土温度升高，则强度降低、承载力下降、诱发次生病害。热融滑塌发生后滑塌体会摧毁附近的建筑物及其附属设施。如2018年发生在风火山的一处热融滑塌坍塌体摧毁青藏铁路围栏，堆积在路基一侧，造成了严重的行车安全隐患。同时地下冰消融产生的泥流物沿坡面向下流动，不仅会掩埋道路、壅塞桥涵，而且会加速路基的软化湿陷，造成交通中断、桥涵严重毁损，产生路基次生病害等一系列道路运营问题。

热融滑塌影响管道安全

热融滑塌地表航拍

对牧区群众生命财产的影响

可可西里虽然居民不多，但也有零星的牧民居住。热融滑塌在有些区域也会影响牧区群众的安全。如在色务乡发现一处居民点，该处坡面发育大量的热融滑塌，泥流物易造成部分房屋发生破坏。

热融滑塌影响居民安全

热融滑塌破坏原有草地

热融滑塌破坏牧场

根据热融滑塌形成的主要诱发因素，将可可西里的热融滑塌分为气候变暖＋降雨增加引起的热融滑塌、河（湖）水冲刷引起的热融滑塌、工程扰动引起的热融滑塌。

气候变暖及降雨增加引起的热融滑塌

气候变化引起的热融滑塌

气候变暖＋降雨增加引起的热融滑塌。这种热融滑塌的诱发因素主要是持续的气温升高加降雨入渗所致。持续的气温升高并伴随暖季的强降水天气促使冻土区活动层厚度增加，顶层的高含冰量多年冻土融化，当活动层底部的粉质黏土遇水饱和后，孔隙水压力升高，抗剪强度降低，形成软弱滑动面，并引起活动层滑脱而形成热融滑塌。一旦热融滑塌产生后，地下冰层暴露，不断融化，滑塌过程迅速进行，滑塌面积不断扩大，泥流物也不断向下流动。

热融滑塌前缘推挤形成的马鞍形草皮

湖水冲刷引起的热融滑塌

河流或湖泊冲刷引起的热融滑塌。这类滑塌一般发生在河道两侧或者湖岸周围的缓坡上，每遇暖季，河道、湖泊水量增加（主要是冰川融水），河（湖）水冲刷并掏蚀坡脚，导致坡脚处草皮脱落。也可能是水的侧向热侵蚀融化坡脚的多年冻土。这种热融滑塌突出的特点是地下冰埋藏较浅，一旦地表裸露，地下冰极易融化，并开始滑塌。滑塌过程基本与气候变化型一致，目前随着高原冰川融化加剧，该类热融滑塌正处于活跃期。

河水侵蚀引起的热融滑塌

开挖扰动引起的热融滑塌。这种热融滑塌主要是由开挖取土,导致坡脚地下冰暴露而引起的。典型热融滑塌案例是位于北麓河一带山区的青藏公路 K3035 西侧 200 米处的热融滑塌。20 世纪 90 年代青藏公路维护阶段开挖取土,扰动导致路基西侧形成一典型的热融滑塌,滑塌过程与河流冲刷型基本相同。该热融滑塌活跃了近 20 年。2010 年后滑塌速度减慢,目前趋于稳定,再未有继续扩大的迹象,滑塌区也开始恢复植被生长。这类热融滑塌多分布于工程走廊两侧一定的范围内。

青藏公路

开挖扰动引起的热融滑塌

热融湖塘

热融湖塘又名热喀斯特湖塘,是多年冻土区典型的热喀斯特地貌之一。在沉积物中含有一定数量冰的多年冻土区,因为底层的多年冻土在这些地方基本是不透水的,随着冰部分融化成水,地面产生局部沉降,形成能够积水的洼地,就可以形成湖塘。一旦水出现在地表,它能够比周围的土壤吸收更多的热量,导致冻土沿着边缘开始继续融化。如果下部多年冻土被融穿时,热融湖塘中的水就会大量流失,留下干涸的湖盆,但也有些湖塘下部是泥岩或砂岩等弱透水层,即便是多年冻土融穿,但湖塘并不会排干。

最初的热融湖塘

湖区地面下沉，护岸出现裂缝

热融湖塘形成初期

什么是热融湖塘

在多年冻土区，由自然或人为因素引起季节融化深度加大，导致地下冰或多年冻层发生局部融化，地表土层随之沉陷、积水后形成的湖塘称为热融湖塘。

热融湖塘的发育涉及多种因素和过程。一旦水深超过冬季冰层的最大厚度，冰下水体的温度就会促进地下冰的融化和融化夹层的生长。机械侵蚀岸线作用通过以下途径导致湖塘横向扩展：①波浪作用、水的热侵蚀；②湖岸过陡导致塌陷；③地下冰融化过程中植被和土壤塌落入湖中；④大量地下冰暴露，在湖岸发生热融滑塌。地下冰含量对热融湖塘的发育速率和形态有较大影响。

走近高冷的可可西里

热融湖塘一般分布在坡度小于3°的高平原、滩地、山间谷盆，多呈圆形、椭圆形。根据调查统计，可可西里边缘地带的热融湖塘一般都比较浅，大部分深度在1~3米之间，面积几百到几万平方米不等。

热融湖塘的特点

热融湖塘和高原上的大型湖泊有所不同，热融湖塘一般都面积相对较小，湖岸会坍塌后退。湖面面积和深度会随着湖底下部冰的融化而逐渐增加。

可可西里热融湖塘分布图
此图热融湖塘的分布数据源于李兰等的研究（2021）。

随着高原人类活动加剧以及暖湿化的气候对天然地表的破坏或扰动，热融湖塘数量和面积在多年冻土区呈现快速增加的趋势，大量出现在可可西里边缘的青藏铁路、公路两侧一定范围内。当其发展危及到工程建筑物的稳定时，便成为一种工程灾害。

热融湖塘发育特征表现为湖岸坍塌后退，湖面面积扩大，湖水加深，水体高热容对周围和下部多年冻土产生热扰动或热侵蚀。

图例
- 热融湖塘
- 河流
- 湖泊
- 冰川
- 可可西里边界

小型的热融湖塘

青藏铁路

青藏铁路附近的热融湖塘（群）

铁路两旁密布的热融湖塘

浸泡在热融湖中的桩基

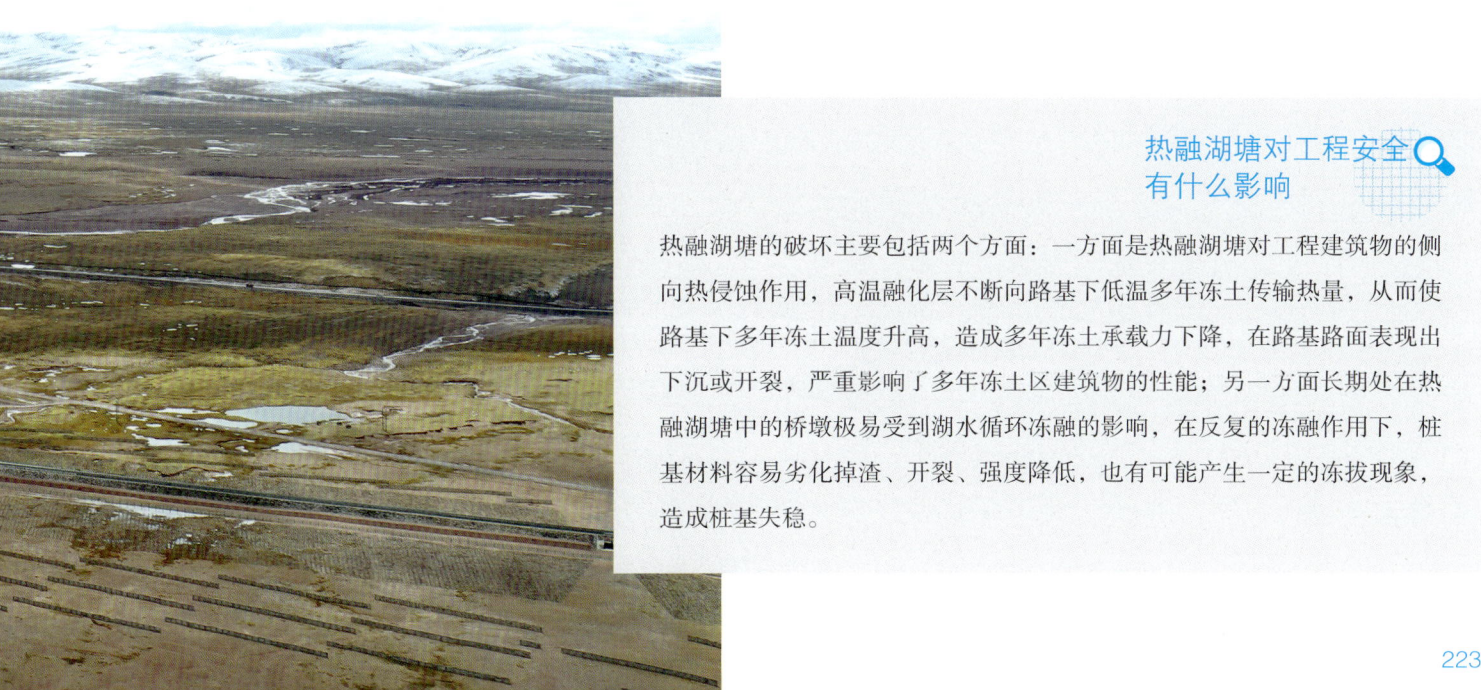

热融湖塘对工程安全有什么影响

热融湖塘的破坏主要包括两个方面：一方面是热融湖塘对工程建筑物的侧向热侵蚀作用，高温融化层不断向路基下低温多年冻土传输热量，从而使路基下多年冻土温度升高，造成多年冻土承载力下降，在路基路面表现出下沉或开裂，严重影响了多年冻土区建筑物的性能；另一方面长期处在热融湖塘中的桥墩极易受到湖水循环冻融的影响，在反复的冻融作用下，桩基材料容易劣化掉渣、开裂、强度降低，也有可能产生一定的冻拔现象，造成桩基失稳。

冬季冻结的热融湖塘

冬季冻结的热融湖塘

冬季冻结的热融湖塘表面气泡

可可西里热融湖塘冬季冻结，在北麓河附近最大冰层厚度达到70厘米。有一些湖水深度小于年最大冻结冰层厚度的湖塘，在冬季，湖水全部冻结至湖底，湖底年平均温度等于或小于0℃，这种湖下部不会形成融化夹层，但湖下多年冻土地温会随着时间的增加而升高；另外一些湖水深度大于年最大冰层厚度，冬季湖水不完全冻结至湖底，湖底年平均温度高于0℃，在冬季没有被冻结的湖水对地温和局部多年冻土结构产生显著的影响，湖底下可能会形成融化层。融化层的形成和发展对热融湖塘周围及其下部土层的物理、化学、生物性质和地貌形成过程产生非常重要的影响。

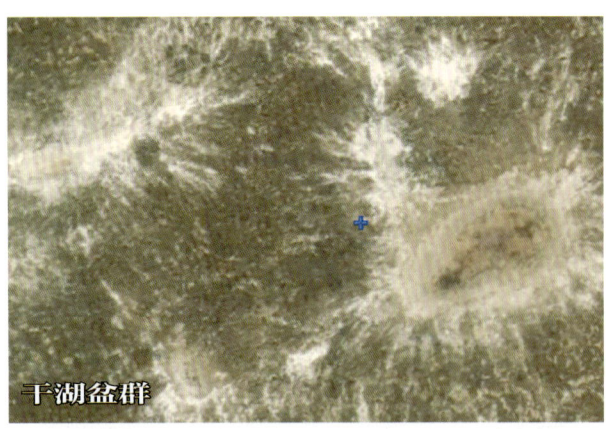

干湖盆群

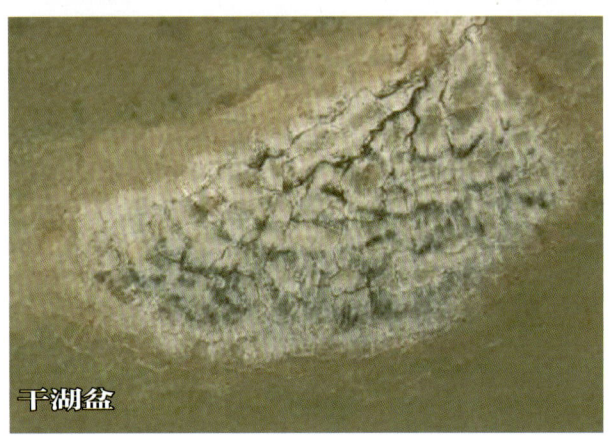

干湖盆

干湖盆是怎样形成的

热融湖塘也会排干，形成干湖盆。热融湖塘排干可能存在几种情况，一种是湖底下部的多年冻土已经融穿，形成贯穿性融区，湖水便通过贯穿性融区排干，这种情况在北极地区非常普遍。但在青藏高原并不多见，虽然大多数热融湖塘下部多年冻土已经被融穿，且存在贯穿性融区，但因为湖底下部为强风化泥岩或砂岩，具有较小的透水性，所以湖水并不会从下部排干。另一种情况是湖底下部地下冰埋藏浅，并不十分发育，浅层的富冰冻土融化后湖塘深度也很浅（一般小于1米），形成浅而大（类似碟形）的热融湖塘，当下部的多年冻土不再继续融化时，由于高原降雨量小于蒸发量，湖塘会慢慢蒸发干涸。这种干湖盆在楚玛尔河高平原区大量分布。

疏干后的热融湖

热融湖塘

受侧向热侵蚀和湖水的冲刷作用，热融湖塘湖岸逐年坍塌后退，湖面面积逐渐增加。对北麓河一个湖塘的监测表明，湖岸每年后退距离最大的接近1米。湖岸坍塌过程主要包括发育阶段、发展阶段、坍塌阶段。

热融湖塘湖岸坍塌后退

湖泊

怎样区分热融湖塘和普通湖泊

热融湖塘一般都面积相对较小，常成群出现，远远望去，就像璀璨的星空一般，从景观角度，它叫"星宿海"，是冻土区独有的地貌。热融湖塘的水一般来自冻土和地下冰融化，随着冻融变化，热融湖塘会发生湖岸坍塌后退使湖面积逐渐增加或湖体疏干现象。

湖泊面积一般都比较大，湖水的来源是降水、地面径流、地下水，有的则来自冰雪融水。湖水的消耗主要是蒸发、渗漏、排泄和开发利用。湖泊的演变周期较长，不会在短时间内出现或消失。

热融沉陷

热融沉陷指由于多年冻土活动层变厚、上限下移、多年冻土表层地下冰融化导致的地表向下沉降的过程。由于地下冰的融化，地表出现凹陷的地面沉降，这种沉降将诱发草地退化，如果发育地区含冰量较高，也可能形成一些热融湖塘。热融沉陷的纵向扩展也会形成热融侵蚀沟。

可可西里高温高含冰量多年冻土区热融沉陷十分发育，如北麓河盆地的一个热融沉陷坑直径约 5 米，深度达到了 1.2 米，这表明下部冻土发生了显著的退化、或地下冰发生了融化。在可预见的未来，冻土地温持续升高，可能导致更深、更大范围的沉陷。

热融沉陷

工程建设和运营可能会破坏地气能量平衡过程，导致土体吸热大于放热，使得地下冰融化，发生地面沉陷。

多年冻土含冰量越高，融沉系数越大，则冻土融化后的沉降量越大。

发育于天然地表的热融沉陷被认为是一种典型的冰缘地貌，当热融沉陷一旦出现在铁路、公路、塔基等重大工程沿线，对工程的破坏往往是非常严重的。尤其是不均匀沉陷可导致路基平整度降低、影响行车速度和安全，严重的可导致路基发生纵横向裂缝、倾斜等次生病害，甚至中断交通。

青藏公路裂缝

青藏公路地表的热融沉陷

青藏铁路一侧排水不畅引起的热融沉陷

热融泥流

热融泥流是指热融作用导致的饱水碎屑物在重力作用下沿坡面向下运动的现象。流动、滑移和坠落是三种运动方法。在冰缘环境中，流动包括冻土蠕变、土壤（冻结）蠕变、泥流、坡面运动、泥石流、泥浆流、滑移等。

热融泥流本质上是一种仅限于活动层的活动，仅在融化期间进行，运动一般限制在活动层上部的 50 厘米左右。发生的条件主要是水的向下渗透受到冻土的限制，地下冰融化提供了过量的水，减少了土体中的强度，特别是内聚力。饱水的泥流物沿坡面流动。热融泥流和冻结蠕变这两个过程构成了现代意义上的融冻泥流。

虽然热融泥流是一种冰缘地貌现象，但它也会对岩土工程运行和维护造成重大威胁。诸如阿拉斯加热融泥流物掩埋输油管道系统，导致管道变形、移位。青藏铁路沿线的融冻泥流物也可导致涵洞阻塞，或者堆积在路基坡脚，引起路基淹没、软化或不均匀沉陷。每逢夏季，泥流物沿坡面冲沟流入河道，有时候也会阻塞河道。

热融泥流也叫融冻泥流，在《冰缘环境》一书中热融泥流是用来描述福尔克兰群岛凉爽潮湿环境中观察到的"从高到低的大量被水饱和的泥流流动"。泥流如此定义，并不一定局限于寒冷的气候，后来也常被用来描述与冻土条件相关的融冻泥流。

热融泥流词源

热融泥流

热融泥流航拍

热融滑塌产生的泥沙

热融泥流局部

热融沟

热融沟

热融沟是多年冻土区普遍存在的一类热融现象，气候变化及人类活动都会引起高温高含冰量多年冻土区地表的破坏或扰动。如沟体开挖、湿地车辙等强烈的破坏和扰动，会改变地表与大气间的热平衡，导致高含冰量冻土融化或厚层地下冰消融。热融沟跟其他热融现象一样，具有季节融化深度加深、年平均地温升高等特征。在极地地区，由于楔状冰的存在，也容易形成热融沟。

热融沟会严重影响公路、铁路等建筑物，其侧向的热侵蚀可引起路基下多年冻土升温，承载力下降，稳定性降低等，使路基或路面下沉或翻浆。随着全球气候变暖及人类活动的不断增加，天然或人为因素对地表的扰动或破坏越来越严重，这意味着热融性灾害在改变寒区环境中已占有较大比例。

热融沟

冻胀改造 12

冻胀是由于土体冻结过程中水分迁移或原位冻结所产生的体积膨胀。冻胀问题始终贯穿于人们的生活中，特别是中国北方地区，每逢冬季，地面冻结，水管冻裂等现象时有发生。

对工程而言，如中国修建最早的冻土工程——青藏公路，在其病害调查中也发现，约85%的路基病害是融沉造成的，但也有15%的病害是由冻胀所致。因此，冻胀问题在青藏高原多年冻土区仍在发育，一方面直接表现为构筑物的冻胀危害，另一方面表现为因施工造成地下水通道改变而出现的冰椎、冰幔等，其可能会造成路基的抬升、侧向挤压和冰体掩埋等重大工程次生病害。

昆仑山冻胀丘

冻胀丘

冻胀丘是冻胀现象的一种,也称冰皋,在冻土学词典中定义为由土的差异冻胀作用所形成的丘状地形。

冻胀丘中水通常是从较低的地方迁移到较高的地方,即冻结过程中地下水不断向冻结面补给。水流通常会随季节的变化而流动或者结冰,但水迁移会持续很长一段时间。冻胀丘通常会越长越大,直到冰核因土堆顶端的土壤开裂而暴露出来。一旦冰核暴露,在夏天它就会在冻胀丘顶部产生一个小小的湖塘并开始融化。然后会吸收更多的热量,导致冰核最后被全部融化。当进行到某一阶段,湖的一边坍塌,水就会全部流走。如果坡面上的沉积物和土壤下塌,就会产生圆形低丘,即冰丘遗迹。天然条件下的水分补给是冻胀发育十分重要的条件。

冻胀丘对基础设施有破坏作用,主要表现在两个方面,一是冻胀丘对路基的挤压或顶托破坏,这类冻胀丘在青藏铁路、公路沿线比较多见;另一类是为路基冻胀提供水源条件。冻胀丘融化后,融水汇聚或渗进路基,造成路基及其周围土体饱和,而引起路基冻胀。

冻胀丘也是可可西里多年冻土区经常可以看到的一种冰缘地貌。在全球气候变暖、青藏高原平均气温升高的大背景下,多年冻土区的冻胀丘近些年整体上处于退缩状态。但由于高原上气温年际变化差异,工程建设对地下水文地质条件的破坏,冻胀丘仍然存在于青藏铁路和公路沿线。青藏铁路沿线的冻胀丘以季节性河滩-河床型为主,这类冻胀丘一般规模都不大。

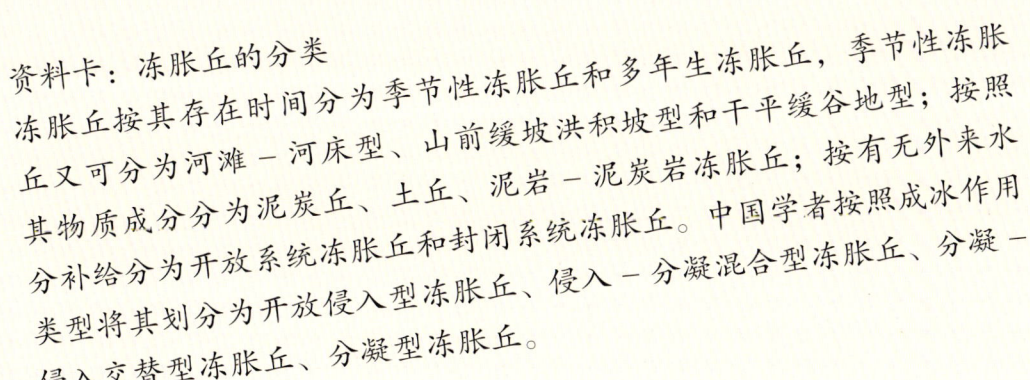

资料卡:冻胀丘的分类

冻胀丘按其存在时间分为季节性冻胀丘和多年生冻胀丘,季节性冻胀丘又可分为河滩-河床型、山前缓坡洪积坡型和干平缓谷地型;按照其物质成分分为泥炭丘、土丘、泥岩-泥炭岩冻胀丘;按有无外来水分补给分为开放系统冻胀丘和封闭系统冻胀丘。中国学者按照成冰作用类型将其划分为开放侵入型冻胀丘、侵入-分凝混合型冻胀丘、分凝-侵入交替型冻胀丘、分凝型冻胀丘。

昆仑山泥火山型冻胀丘

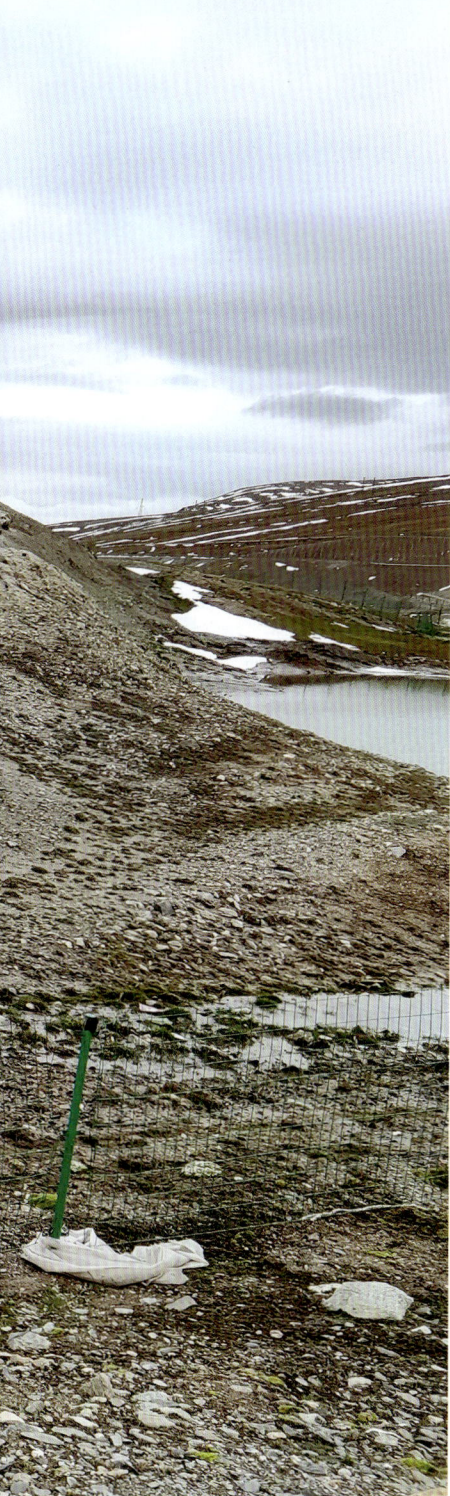

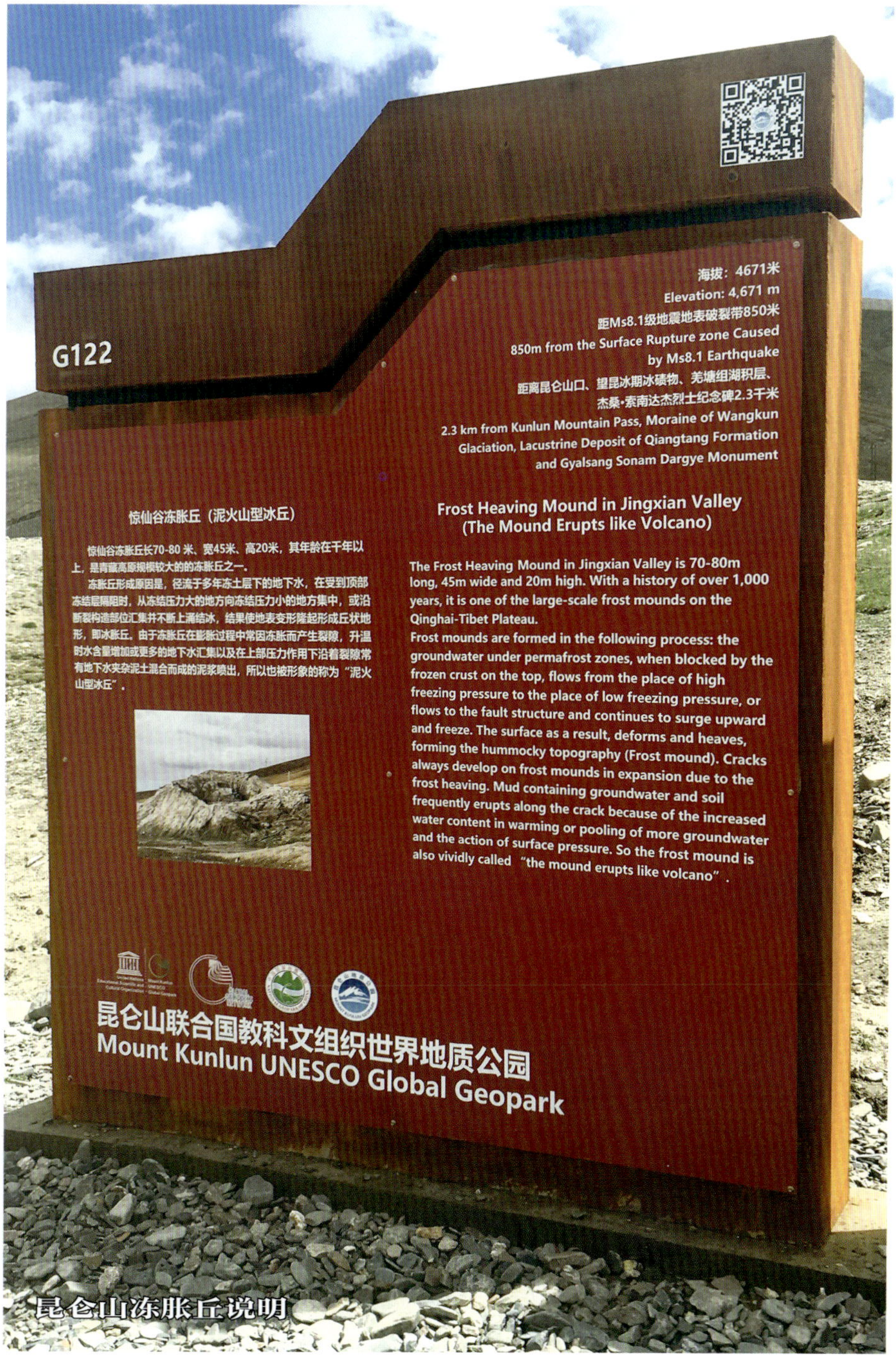
G122
海拔：4671米
Elevation: 4,671 m
距Ms8.1级地震地表破裂带850米
850m from the Surface Rupture zone Caused by Ms8.1 Earthquake
距离昆仑山口、望昆冰期冰碛物、羌塘组湖积层、杰桑·索南达杰烈士纪念碑2.3千米
2.3 km from Kunlun Mountain Pass, Moraine of Wangkun Glaciation, Lacustrine Deposit of Qiangtang Formation and Gyalsang Sonam Dargye Monument
惊仙谷冻胀丘（泥火山型冰丘）
惊仙谷冻胀丘长70-80 米、宽45米、高20米，其年龄在千年以上，是青藏高原规模较大的的冻胀丘之一。
冻胀丘形成原因是，径流于多年冻土层下的地下水，在受到顶部冻结层隔阻时，从冻结压力大的地方向冻结压力小的地方集中，或沿断裂构造部位汇集并不断上涌结冰，结果使地表变形隆起形成丘状地形，即冰胀丘。由于冻胀丘在膨胀过程中常因冻胀而产生裂隙，升温时水含量增加或更多的地下水汇集以及在上部压力作用下沿着裂隙常有地下水夹杂泥土混合而成的泥浆喷出，所以也被形象的称为“泥火山型冰丘”。
Frost Heaving Mound in Jingxian Valley
(The Mound Erupts like Volcano)
The Frost Heaving Mound in Jingxian Valley is 70-80m long, 45m wide and 20m high. With a history of over 1,000 years, it is one of the large-scale frost mounds on the Qinghai-Tibet Plateau.
Frost mounds are formed in the following process: the groundwater under permafrost zones, when blocked by the frozen crust on the top, flows from the place of high freezing pressure to the place of low freezing pressure, or flows to the fault structure and continues to surge upward and freeze. The surface as a result, deforms and heaves, forming the hummocky topography (Frost mound). Cracks always develop on frost mounds in expansion due to the frost heaving. Mud containing groundwater and soil frequently erupts along the crack because of the increased water content in warming or pooling of more groundwater and the action of surface pressure. So the frost mound is also vividly called "the mound erupts like volcano".
昆仑山联合国教科文组织世界地质公园
Mount Kunlun UNESCO Global Geopark

昆仑山冻胀丘说明

北麓河季节性土质冻胀丘及开裂的冰晶

风火山南坡退化型山前缓坡洪积坡型冻胀丘（群）

可可西里泥炭丘（冻胀丘群）

单个冻胀丘

冰椎、冰幔

地下水溢出地表，在冬季冻结而易形成地面冰体，尖丘状隆起叫冰椎，平坦幔布地表而无隆起的冰椎体叫作冰幔。

冰椎和冰幔是寒季多年冻土地区常见的一种冰缘地貌，也是对基础设施，如路基和桥墩等危害最大的病害之一。工程建筑时，若建筑物拦截了地下水的通道，又未处理好排泄通道时，也会在建筑物附近形成冰椎，从而危害建筑物。

可可西里冰椎广布于河床谷地、阶地、山间洼地、山前缓坡。冰椎的大小、形态和色泽各有所异，有直径1~2米，高1~1.5米的尖顶形冰椎；有直径1米左右，高几十厘米的馒头型冰丘；有直径几十米，椎高仅1~2米的覆盖式冰椎。冰椎一般为一年生，冷季形成，暖季消亡，冰椎顶端一般都有十字形张裂缝。

怎么区分冰椎和冰幔

冻土学辞典中冰椎也称涎流冰，指水多次溢出地表冻结而形成的地面冰体。冰椎分布于多年冻土和季节冻土区，其形成条件为不冻的水源、水的通道、水的驱动力和严寒的气候条件。按其水源分为河冰椎、湖冰椎、泉冰椎。绝大部分冰椎是季节性的。

平坦幔布地表而无隆起，面积达到数平方千米以上的冰椎体为冰幔。

不冻泉冰椎

铁路桥下的冰幔

红梁河的冰椎

不冻泉青藏公路两侧的冰椎

不冻泉融化中的冰椎

冰椎消亡使地面形成洼地。如青藏公路乌丽山前形成的爆炸性冰椎、岗齐曲北侧山前串珠状的泉冰椎、等马河上游河床中形成的河冰椎、山前缓坡上形成冰幔冰椎是比较多见的。

红梁河的冰椎

路基出水形成的冰幔

青藏铁路桥墩下的冰椎

搜索：青藏工程走廊的冰椎、冰幔形成原因：

根据调查，青藏工程走廊的冰椎、冰幔成因有以下四个方面的因素：

①与冻融过程有关。出现冰椎、冰幔的路段通常两侧山坡泉水较发育，出水结冰在山坡上形成较大冰幔。

②山坡及其下河洼地冻胀草丘发育，地表潮湿，其下分布厚层地下冰，夏季融化继续流出与冬季不断冻结，形成了不断增大着的冰椎。有时，在天然条件下并未发现冰椎和冰幔的地段，因修筑路基、桥墩等工程而引起水文地质条件的变化，往往会在路堤附近、路堑边坡等处诱发新的冰椎和冰幔。

③如果没有在线路上游一侧设置排除地下水流或拦截冰椎的设施可能会导致冰椎的形成，季节冻结作用产生的水头使地下水从透水的路基顶面或路堤体中喷出也会形成冰椎。

④修筑路堤后，因堤身形成的冻土核或压密并冻结的基底将地下水通道隔绝，则可在路堤上游一侧坡脚附近形成能使路堤发生剧烈变形的冰椎。

冰楔和砂楔

多年冻土层的裂隙一般是由冻裂作用导致的地面开裂而形成的热收缩裂隙。地表水（冰雪融水）、砂和土周期性地注入裂隙，年复一年逐渐张裂扩大，老冰层被挤压到两侧，新的物质注入其中，在剖面形成上宽下窄的楔形填充物，在地表则表现为多边形。风吹沉积物，进入热收缩裂缝，热收缩裂缝不断扩大，物质不断充填，形成砂脉。砂脉多次充填，不断开裂，最终形成砂楔。

冰楔是叶状或垂直带冰组成的楔形冰体（脉冰），在排水不良的低地发育最好。

20世纪80年代初，在我国大兴安岭的伊图里河右岸一级阶地上首次发现有顶宽1～1.32米的不活动冰楔。它们分布在沼泽地段，埋深0.9～1.5米，为腐殖质淤泥所覆盖，形成于全新世4千～2千年。这是我国第一次发现冰楔，也是迄今为止地球上所发现的纬度最靠南的冰楔。

黄河源砂楔

楚玛尔河大桥附近砂楔

冰楔

冰楔和砂楔
（冰冻圈科学词典）

冰楔为多年冻土区地表雪冰融水从地表注入表层以下，并一直下渗到多年冻土层裂隙后，反复冻结使裂隙不断扩大，成为冰体填充的楔状地貌现象。冰楔的出现是气候寒冷程度的标志。

砂楔为寒冻裂隙被砂所填充而形成的楔状构造。砂楔中的砂一般是在干燥的环境中由风的携带作用而形成的填充物。砂楔多次开裂、不断被砂填充。砂楔是严寒和干燥气候的指示构造。

冻拔、冻拔石

近地表的土层在冻土区经常发生周期性的冻融现象。在土体冻结时，嵌在土中的桩基、电杆、石块等（直径大于土壤颗粒粒径1个数量级以上）受底部的法向冻胀力和侧面的切向冻胀力共同作用而逐渐上升，融化时土体回落，石块底部的孔隙被土所充填，无法回到原来的位置，产生向上的位移。在周期性的冻融循环过程中，这些镶嵌物的位移不断累积，最终露出地面，形成冻拔。

冻拔现象常会对桥梁桩基、输电塔基等产生危害。东倒西歪的电线杆和冻拔石在可可西里地区随处可见。

卓乃湖一带的冻拔石

卓乃湖冻拔石

钢管、桩基、电线杆冻拔

被冻拔翻倒的电线杆

冻胀草丘

冻胀草丘

冻胀草丘

冻胀草丘是由高低起伏不平的草丘组成的地貌形态。冻胀草丘一般发育于排水条件较差、水分条件极好的平坦地表,是在强烈的冻融过程交替作用下,由于冻胀引起土层局部隆起的丘状地形,表面通常存在纵横交替的裂隙,底部的直径和高度一般在数厘米至1米之间。

冻胀草丘是一类特殊的地貌景观,是冰缘环境的一个标志。冻胀草丘与冻胀丘的形成过程相似,只是植被根系密集处地下水聚集较多,进而在冻胀过程中表现为隆起的草丘。冻胀草丘的坡顶相对坡底(沼泽浅坑)一般具有较高的光照、温度以及较低的土壤含水量,这种微地貌引起的差异性,导致了冻胀草丘的生境具有独特性和较强的空间异质性。

风火山冻胀草丘

退化草丘

退化草丘

循环冻融改造 13

青藏高原气候严寒，气温年、月、日际均存在较大温差。实测数据表明青藏高原每日的地表温差有 20℃左右，循环冻融强度十分明显。报道称日本富士山 1.5 厘米深度的土层一年要经历约 88 个周期的循环冻融，而青藏高原北麓河盆地实测发现，在向南的阳坡面 5 厘米深度的土层，年循环冻融次数可达到 156 次。频繁的循环冻融使土壤或材料反复冻结和融化，降低了其抗蚀稳定性，诱发了一系列冻融灾变现象。

风火山发育的鱼鳞状草皮

冻融蠕滑

冻融蠕滑在各类参考文献中未找到定义，通常发生在较陡的坡面上，是指植被覆盖层（一般小于50厘米）在循环冻融作用下，沿着坡面滑动的一种冰缘地貌，因有的坡面草皮滑动后形成一道道像鱼鳞状的覆盖层，也叫鱼鳞状草皮。

搜索：冻融蠕滑与热融滑塌有什么区别？

冻融蠕滑运动行为类似于热融滑塌，但两者有很大差别。

热融滑塌滑动面较深，一般沿着冻融界面或者冰土界面滑动，青藏高原热融滑塌深度一般在2.0米左右，主要是由活动层底部高含冰量多年冻土融化所致。而冻融蠕滑滑动面较浅，一般是植被覆盖层滑动，其主要是近地表坡面的循环冻融作用的结果。

由于地表冻结过程中产生的冻胀力发生在垂直坡面的方向上，冻胀力促使近地表覆盖层垂直与坡面发生冻胀位移；当地表融化的时候，地表覆盖层一般是在重力作用下产生垂直向下的融沉位移。二者位移方向的差异导致坡面慢慢向下滑动，最后脱离滑落。热融滑塌发生后一般会伴随着大量泥流物沿着坡面下滑，而冻融蠕滑基本是草皮覆盖层的滑动，并未携带大量泥流物。

冻融蠕滑是高海拔多年冻土区或深季节冻土区的一种冻融现象。但当发生在可可西里多年冻土区时，其引申的破坏行为主要体现在两个方面，一是这些滑落物滑落后导致地表裸露，青藏高原冻融蠕滑草甸下一般是富含较大块石的粗颗粒土，一旦草甸覆盖层滑落，下层的含石土层在降雨或者降雪融水的侵蚀下，极易诱发热融滑塌、冻融泥流等冻融灾害，对附近的冻土环境及重大工程构筑物会产生潜在的影响；另一方面大量的滑落物堆积在铁路、公路两侧，不仅会影响涵洞、排水沟等附属构筑物的使用，单侧堆积也相当于给路基增设一条保温护道，进一步影响路基温度场的对称性，严重者也可引起路基的不均匀沉陷。

鱼鳞状草皮

青藏公路两侧的冻融滑落（未做防护的边坡冻融滑落）

青藏公路两侧的冻融蠕滑

泥流阶地

泥流阶地是融冻泥流向下蠕动途中，遇到障碍或坡度变缓时产生的台阶状堆积地貌。其阶地面平缓，微向下斜，有时突出呈舌状，前缘有一坡坎，坡度较陡，在堆积物剖面中，末端部分有小型断裂和褶皱。泥流发育场地的分布主要受冬季雪分布、植被覆盖和坡度的控制。在可可西里地区，考察范围内的泥流阶地主要是小型阶地，末端参差不齐。这些泥流阶地可能发育不完全，处于初期阶段。

风火山一带泥流阶地

赤布张错附近的泥流阶地

冻融分选

在古冰川作用的高山地区，岩屑或冰碛物在重力和冻融作用下沿着山谷或坡面向下缓慢蠕动的舌状堆积体形成石冰川。在可可西里的部分地区，由于冻融分选、冻胀、重力和流水的综合作用，碎石、岩块经过搬运并集中堆积在有一定坡度的山坡、高台地，沿沟槽缓缓向下移动，形成一条用石头填满的"小河"——石河。

如果为块状或厚层状坚硬岩体中，这类岩体能形成陡峻的斜坡，斜坡前缘由于应力重分布和卸荷等原因，产生深而长的张裂隙，并与其他结构面组合，逐渐形成结构体，在触发因素作用下发生崩塌。在冻融循环作用下，山体容易发生岩崩。

昆仑山石冰川

风火山石冰川

昆仑山的石冰川

搜索：石冰川和冰川的区别

石冰川与冰川不同，冰川是由多年积雪经过压实、重新结晶、再冻结等成冰作用而形成的天然冰体，而石冰川是一种沿着谷地或者坡地缓慢蠕动的冰岩混合体。石冰川有冰川婀娜的体态，却没有冰川剔透的外表，人们在近距离看到的石冰川表面是滚滚乱石或细小岩屑。石冰川的轮廓清晰，其表面的同心圆状垄堤为石冰川向前缓慢运动的结果。

唐古拉石冰川

石环

石环

石环、石条是怎样形成的

在水分充足、地形平缓、粗细颗粒土质混杂的堆积区，块石和细颗粒土之间由于导水性和导热性的差异，冻结速度差异，发生冻融分选作用，其结果使得粗颗粒的物质向边缘运动，细颗粒物质在中心集聚，形成块碎石呈环状分布的地面形态，构成石环。多数情况下，由于冻融分选不充分，发生块石向一侧堆挤的现象。在缓坡面上，由于重力作用参与分选过程，块石集聚呈条带状，和细颗粒土地面相间分布，形成石条。

石河

岩屑坡

冻融风化

岩石冻融风化又被称为冻裂作用，是指在中纬度高山和高纬度地区，气温变化于零摄氏度左右，反复的循环冻融作用及强紫外线照射条件下，岩石裂隙、孔隙中因水分结冰时产生的巨大压力，使岩石强度降低、劣化、损伤破坏、崩解、破碎的现象。实验表明，当受到冻融作用时，沉积物中的细粒会发生物理和化学变化。冻融风化作用在温度接近冰点的山区十分常见。

我国的青藏高原海拔高、昼夜温差很大、紫外线强烈，循环冻融所引起的风化作用十分强烈。青藏铁路沿线处于页岩区域的路堑边坡，表层岩石风化形成了细碎的岩屑，沿坡面下滑并堆积在坡脚部位。在一些区段，块石护坡路基所采用的岩石为深色的安山岩，经过数年，表层部分大多已经风化，细小裂隙十分发育，在风荷载及人为因素的作用下，极易破碎。护坡岩块由于大粒径的缘故才形成了大孔隙，但风化后细小粒径颗粒的填充，会导致孔隙度的减小，并逐渐使块石层丧失对流换热的功能，其效果将与填土护道类似。冻融风化也强烈侵蚀着桥墩、涵洞等混凝土结构，造成混凝土建筑表面产生大量细小裂纹，对其强度也有很大影响。

花岗岩护坡冻融风化

安山岩冻融风化

桩基冻融破坏

冻融作用使得混凝土桥墩表面的裂纹加深，图中裂纹处涂抹了沥青。

页岩的冻融风化

泥岩冻融风化

泥岩寒冻风化

第六章

可可西里的动植物

生命是顽强的,这片生态环境脆弱的无人区是无数动植物的乐园。

灌木在这里很少见到,小草、野花在适宜的条件下努力生长。

这里生存着大量的国家重点保护野生动物、

高原精灵藏羚羊、高原之舟牦牛……让这片冰封的大地生意盎然。

可可西里的动植物

14. 植物

主要植被类型

主要植物种类

15. 动物

主要动物类型

动物保护

植物 *14*

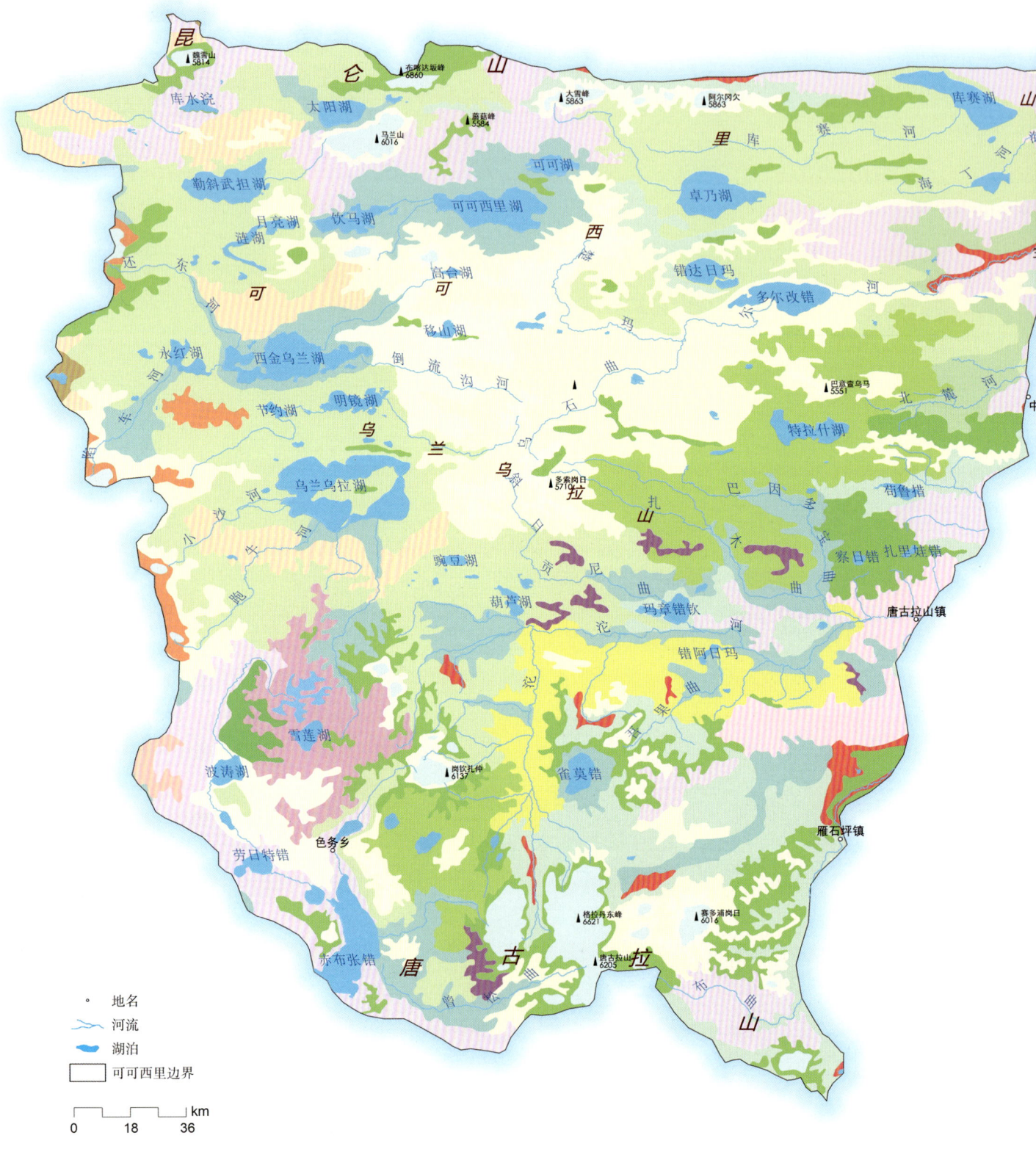

主要植被类型

植被是自然景观的重要组成部分，根据可可西里地区综合科学考察丛书《青海可可西里地区自然环境》一书和考察队多次在可可西里的考察，可可西里几乎没有乔木和大灌木，多年生草本植物在这里占绝对优势。

高寒草原是可可西里面积最大的植被类型，约占到总面积的一半。其次是高寒草甸，高寒草甸主要分布于易于积雪和水分汇聚的坡麓和凹地，约占到总面积的15%。

图 例

高寒荒漠
- 垫状驼绒藜荒漠

高山植被
- 风毛菊、红景天、垂头菊稀疏植被
- 三指雪莲花、西藏扁芒菊稀疏植被
- 水母雪莲、风毛菊稀疏植被
- 苔状蚤缀、垫状点地梅垫状植被

高寒草原
- 青藏薹草、垫状驼绒藜草原
- 青藏薹草、紫花针茅草原
- 青藏薹草草原
- 紫花针茅、青藏薹草草原
- 紫花针茅、青藏薹草草原和青藏薹草、紫花针茅草原
- 紫花针茅草原
- 紫花针茅草原和青藏薹草草原

高寒草甸
- 青海早熟禾、扇穗茅草甸
- 西藏嵩草、薹草草甸
- 小嵩草、紫花针茅草甸
- 小嵩草草甸
- 小嵩草草甸和青藏薹草草原
- 紫花针茅草原和青海早熟禾、扇穗茅草甸

其他
- 湖泊
- 青藏薹草、紫花针茅草原和苔状蚤缀、垫状点地梅垫状植被
- 三指雪莲花、西藏扁芒菊稀疏植被和苔状蚤缀、垫状点地梅垫状植被
- 苔状蚤缀、垫状点地梅垫状植被和青藏薹草草原

无植被地段
- 石漠或高山岩屑
- 常年积雪

可可西里植被分布　　此图植被类型的分布绘制据李炳元、顾国安、李树德等的研究（1996）。

高寒草原

可可西里地区的植被类型主要包括高寒草原、高寒草甸、高寒荒漠三大类,其次灌丛、沼泽草甸、高山垫状植被、高山稀疏植被在一定的区域也有分布。

可可西里高寒草原大致分为7类,如紫花针茅草原、青藏薹草草原、扇穗茅草原、早熟禾草原、镰叶韭草原、豆科杂类草原、青藏薹草-垫状驼绒藜荒漠草原等。

高寒草甸

高寒荒漠

退化草甸

沼泽草甸

稀疏草原

荒漠草原

可可西里高寒草甸大致分为五类，如高山嵩草草甸（包括藏嵩草、小嵩草、矮嵩草）、薹草－唐古拉点地梅草甸、垂穗披碱草草甸、藏北嵩草草甸、碱茅－赖草盐化草甸。

高寒草甸景观

主要植物种类

根据对可可西里北麓河、五道梁等区域植被的调查，记录了常见的植物种类，共计 19 个科、35 个属、46 种植物。其中小嵩草、矮嵩草、青藏薹草较常见，为建群种。藏嵩草、紫花针茅、矮火绒草在特定的局部环境中占优势，其中湖塘边的沼泽草甸以藏嵩草为主并伴生着一定数量的小嵩草、早熟禾等。较干燥的山坡则多由小嵩草、矮嵩草、青藏薹草占优势，并伴生着一定数量的矮火绒草、紫花针茅等。

1. 石蒜科
    - 葱属
        - 镰叶韭
2. 报春花科
    - 点地梅属
        - 点地梅SP.1
        - 点地梅SP.2
3. 唇形科
    - 青兰属
        - 异叶青兰
4. 禾本科
    - 冰草属
        - 冰草
    - 披碱草属
        - 垂穗披碱草
    - 燕麦属
        - 野燕麦
    - 早熟禾属
        - 早熟禾SP.
    - 针茅属
        - 紫花针茅
    - 赖草属
        - 赖草
5. 景天科
    - 红景天属
        - 唐古拉红景天
        - 红景天SP.1
        - 红景天SP.2
        - 红景天SP.3
6. 菊科
    - 凤毛菊属
        - 沙生凤毛菊
        - 星状凤毛菊
        - 钻叶凤毛菊
    - 火绒草属
        - 矮火绒草
    - 狗娃花属
        - 狗娃花SP.
    - 蒿属
        - 蒿属SP.
    - 蒲公英属
        - 蒲公英SP.
    - 紫菀属
        - 紫菀SP.
7. 藜科
    - 藜属
8. 蓼科
    - 西伯利亚蓼属
        - 西伯利亚蓼
    - 大黄属
        - 大黄SP.
9. 龙胆科
    - 龙胆属
        - 龙胆SP.1
        - 龙胆SP.2
10. 毛茛科
    - 翠雀属
        - 翠雀SP.
    - 水毛茛属
        - 毛柄水毛茛
11. 蔷薇科
    - 毛莓草属
        - 二裂委陵菜
    - 委陵菜属
        - 多茎委陵菜
12. 伞形科
    - 棱子芹属
        - 棱子芹SP.
13. 莎草科
    - 嵩草属
        - 矮嵩草
        - 细叶嵩草
        - 小嵩草
    - 薹草属
        - 西藏嵩草
        - 青藏薹草
        - 薹草SP.
14. 十字花科
    - 双脊荠属
        - 双脊荠SP.
    - 葶苈属
        - 葶苈SP.
15. 石竹科
    - 老牛筋属
        - 雪灵芝
16. 水麦冬科
    - 水麦冬属
        - 海韭菜
17. 玄参科
    - 马先蒿属
        - 马先蒿SP.
18. 罂粟科
    - 绿绒蒿属
        - 多刺绿绒蒿
    - 紫堇属
        - 尖突紫堇SP.1
19. 蝶形花科
    - 棘豆属
        - 棘豆SP.1
        - 棘豆SP.2

可可西里主要植物种类 SP.表示属下面的某个不确定种

石蒜科葱属镰叶韭

报春花科点地梅属点地梅 SP.1

唇形科青兰属异叶青兰

报春花科点地梅属点地梅 SP.2

报春花科点地梅属点地梅 SP.2

报春花科点地梅属点地梅 SP.1

报春花科点地梅属点地梅 SP.2

唇形科青兰属异叶青兰

禾本科冰草属冰草

禾本科早熟禾属早熟禾

禾本科针茅属紫花针茅

禾本科披碱草属垂穗披碱草

禾本科燕麦属野燕麦

菊科风毛菊属钻叶风毛菊

景天科红景天属红景天 SP.1

景天科红景天属红景天 SP.2

菊科风毛菊属沙生风毛菊

景天科红景天属红景天 SP.3

菊科风毛菊属星状风毛菊

菊科蒿属 SP.

菊科火绒草属矮火绒草

菊科蒲公英属蒲公英 SP.

菊科狗娃花属狗娃花 SP.

景天科红景天属唐古拉红景天

菊科紫菀属紫菀 SP.

菊科火绒草属矮火绒草

龙胆科龙胆属龙胆 SP.2

莎草科薹草属小薹草

十字花科葶苈属葶苈 SP.

水麦冬科水麦冬属海韭菜

莎草科薹草属细叶薹草

石竹科老牛筋属雪灵芝

莎草科薹草属青藏薹草

罂粟科绿绒蒿属多刺绿绒蒿

玄参科马先蒿属马先蒿

十字花科双脊荠属双脊荠 SP.

罂粟科紫堇属尖突黄堇 SP.

蝶形花科棘豆属棘豆 SP.1

蝶形花科棘豆属棘豆 SP.2

走近高冷的
可可西里

动物 15
主要动物类型

可可西里生物区系种类少，但青藏高原特有种比例大，且种群数量大。据多年观察，哺乳动物有29种，其中11种为青藏高原特有，鸟类53种，爬行类1种，鱼类6种。可可西里珍稀动物如藏羚羊、野牦牛、白唇鹿、藏野驴、雪豹、盘羊、岩羊、藏原羚、棕熊、豺、石貂等，不但是我国的珍稀动物，而且为世界上所瞩目，在学术和自然保护上均十分重要。值得注意的是，通过保护藏羚羊由20世纪80年代的2万只繁衍到现在的7万多只，由濒危动物降为近危动物。

藏羚羊

岩羊

藏原羚

怎样分辨藏原羚和藏羚羊

首先藏原羚身材显得更娇小。其次，它们的毛色和耳朵都不同。成年雄性藏原羚的角细细短短向后弯成一个弧，看起来像一把镰刀，而成年的雄性藏羚羊的角更直更长，像两柄长剑。藏原羚的额头看起来白白的，而雄性藏羚羊在冬季发情期则换上一副黑色的面孔。最后，分辨藏原羚和藏羚羊最简单的方法就是看看哪个有"白屁股"。

藏原羚

藏羚羊

雪地里的藏羚羊

野牦牛

野牦牛

家养的小牦牛

藏野驴

藏野驴

狼

狼

藏獒

藏狐

斑头雁

棕头鸥

乌鸦

沙蜥

鼠兔

动物保护

可可西里是世界自然遗产地,野生动物种类繁多,被誉为"动物天堂"。为加大对野生动物的保护力度,可可西里索南达杰保护站于2000年设立了野生动物救助中心。自野生动物救助中心运行以来,先后救护、喂养、治疗藏羚羊、斑头雁等各类野生动物300余只。目前,仍有大量野生动物在救助中心生活,等它们恢复健康、符合放生条件时,将被重新放回自然,实现人与自然和谐共处。同时,为了藏羚羊等野生动物的安全迁徙,青藏铁路等大型工程专门设置了动物通道,开展呼吁社会大力保护野生动物的各类倡导活动并设计展示标语。

索南达杰保护站

索南达杰保护站救助藏羚羊（三江源国家公园）

索南达杰保护站救助藏羚羊（三江源国家公园）

索南达杰保护站可爱的小藏羚羊

藏羚羊活动频繁路段
车辆慢行
The frequent activities section Slow Down

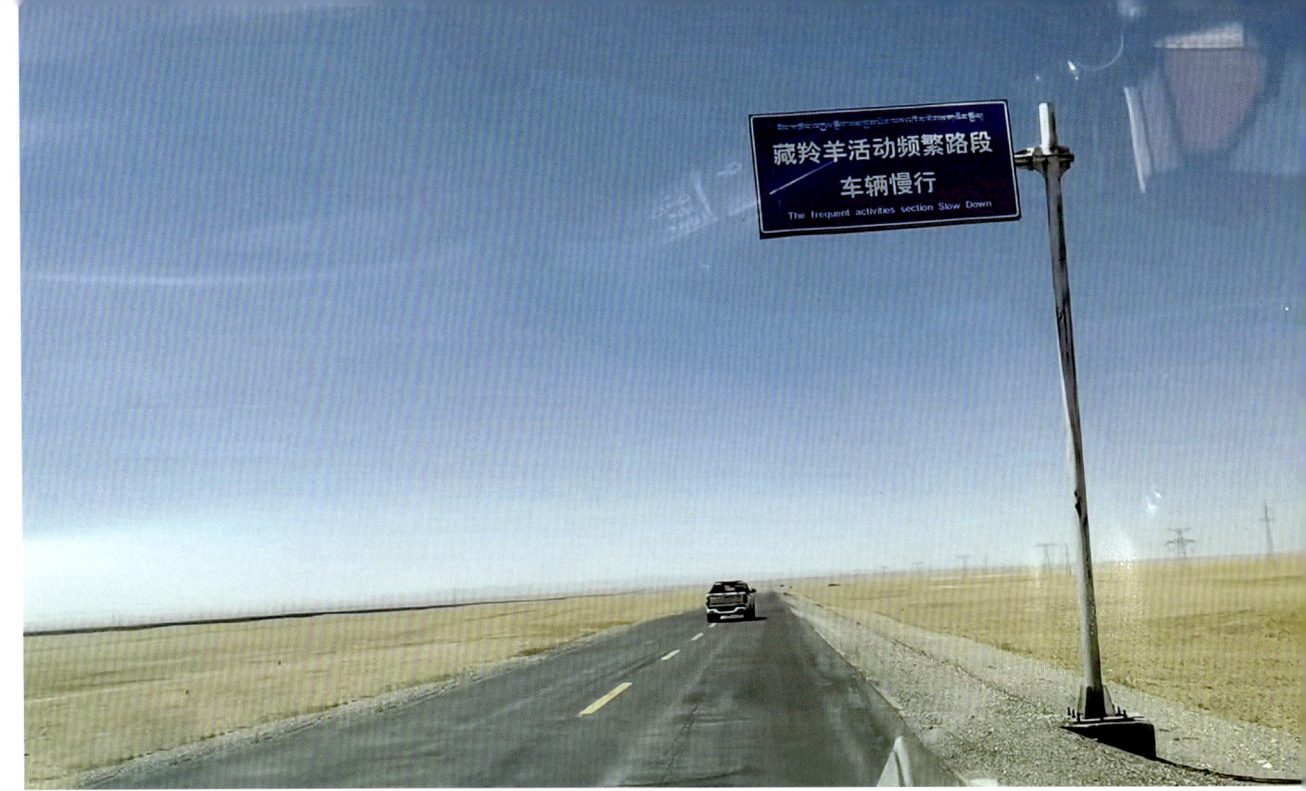

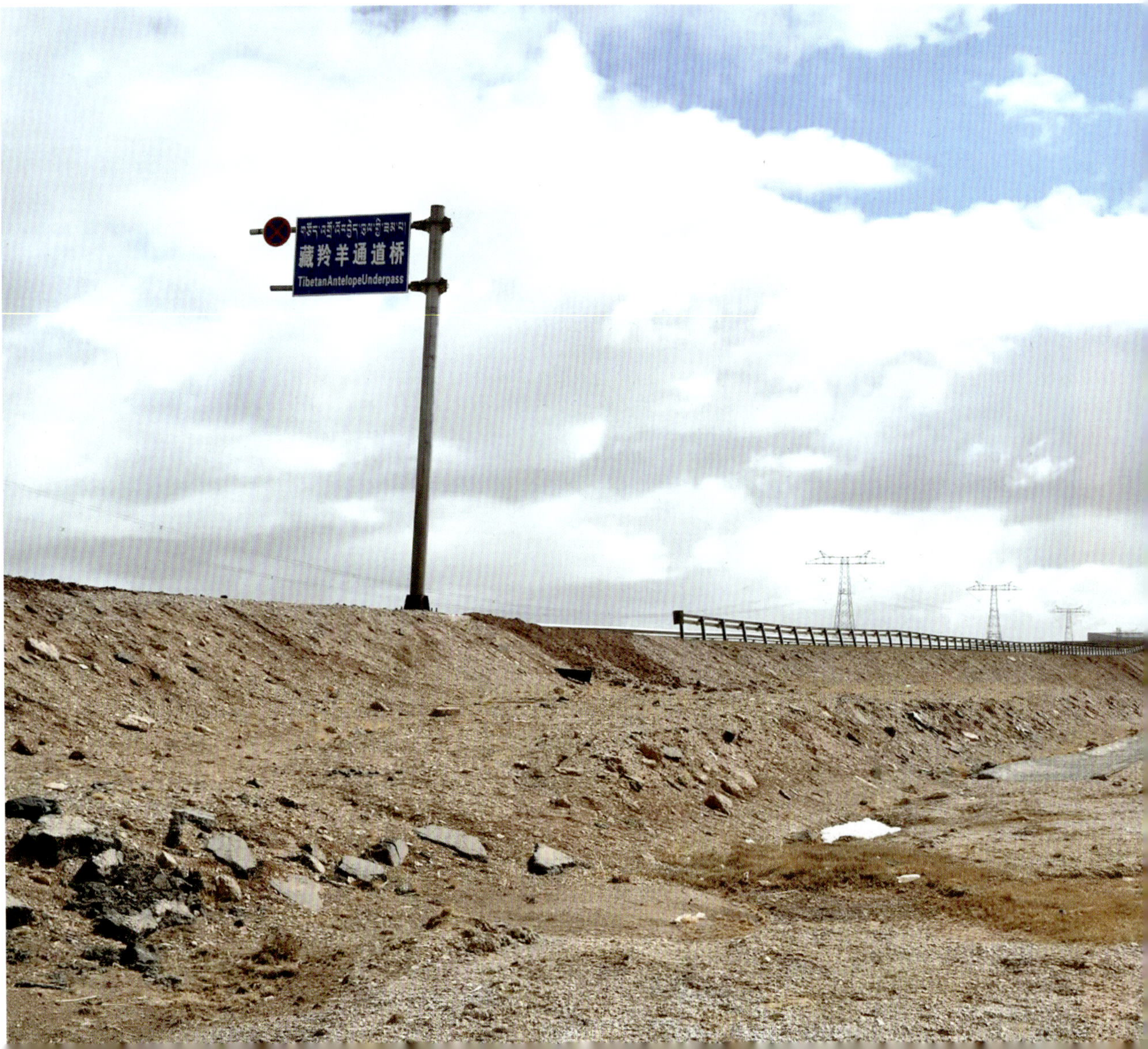
藏羚羊通道桥
TibetanAntelopeUnderpass

 动物保护警示牌

 藏羚羊通道

人类为什么要保护野生动物

野生动物是人类赖以生存的生态系统的重要组成部分。野生动物与周围的各种生物组成了食物链，只有食物链平衡，才能保证整个生态系统的平衡。

野生动物是促进当地经济发展的宝藏，是旅游业的重要组成部分。许多人喜欢观赏野生动物，这给当地经济带来了重要的贡献，也丰富了文化遗产之旅，如被誉为"野生动植物宝库"的华阳古镇。

野生动物是文明发展的试金石。文明的发展与自然有着密切的关系，我们需要保护野生动物，不违法捕杀野生动物，树立尊重生命、热爱自然、喜欢动物的价值观，对推动生态文明建设，促进人与自然和谐共生有着重要的意义。

第七章

多姿多彩的可可西里

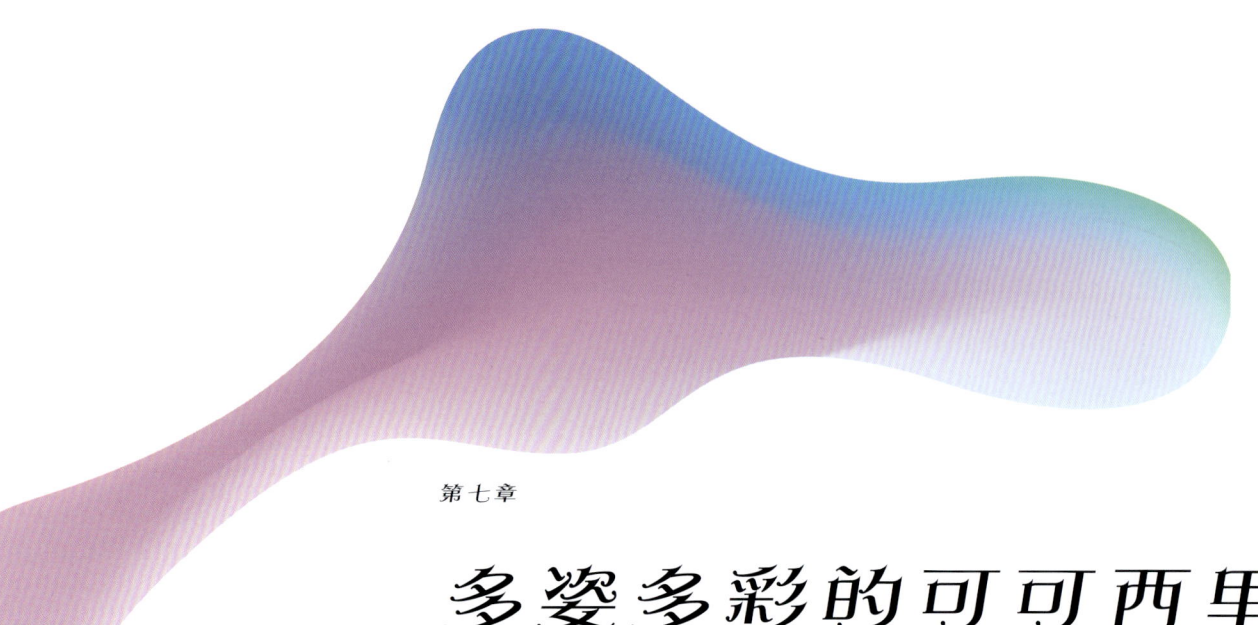

青藏铁路、青藏公路、电力天路、输油管道等一系列基础设施从这里穿过，给这片土地留下了深深的印迹。然而，这些冻土之上的工程面临着气候变暖带来的热效应，确保其安全运营，助力当地经济社会发展，是冻土科研工作者的梦想和夙愿。

人类活动 16

根据目前的研究显示,距今16万年前青藏高原就有人类活动的痕迹,同时丹尼索瓦古老型智人(丹尼索瓦人)已于中更新世时就适应了高原环境。目前在青藏高原永久定居的人类超过了800万人。

史前人类向青藏高原迁移和扩散主要与气候变化及农业发展密切相关。末次冰期冰消期后的BA暖期(距今1.47万~1.29万年)全球气温回升,青海湖周边森林植被迅速发育,环境变得有利于野生动物生存,从而适宜的环境和丰富的狩猎资源吸引了青藏高原周边低海拔地区的旧石器人群向青海湖地区扩散。全新世早中期(距今1.16万~0.6万年),青藏高原气候温暖湿润,生态环境大大改善,毗邻的黄土高原粟作农业迅速发展并向周边扩散,对旧石器人群活动形成了"竞争性排斥",迫使狩猎采集人群进一步向高海拔地区扩散。距今4000~2300年,特别是3600年以来,气候转冷,在中国北方总体资源压力增大的背景下,麦类作物、家畜羊的传入和高寒环境农牧经济的出现,促使人类向更高海拔扩散,并最终大规模常年定居于青藏高原高海拔地区。

近几十年来,随着国家西部大开发战略的实施以及经济和科技的发展,尤其是青藏公路和铁路的开通,青藏高原人类活动显著增加。除了当地人民的生产生活外,外来人口也逐渐增多,主要包括从事青藏高原研究的科研人员、从事青藏高原基础设施建设的工程技术人员及劳务人员、国内外游客及探险人员、从事运输业、服务业的经商人员等。

多姿多彩的可可西里

16. 人类活动

　　青藏铁路

　　青藏公路

　　输变电线工程

　　高原其他工程

　　高原村镇

17. 风土民俗

青藏铁路

青藏铁路是一条连接青海省西宁市至西藏自治区拉萨市的国铁Ⅰ级铁路,是中国新世纪四大工程之一,是通往西藏腹地的第一条铁路,也是世界上海拔最高、线路最长的高原铁路。

青藏铁路东起青海省西宁市,西至西藏拉萨市,又称青藏线,线路全长1956千米。青藏铁路分两期建成,青藏铁路一期工程东起青海省西宁市,西至格尔木市,于1958年开工建设,1984年5月建成通车。二期工程东起青海省格尔木市,西至西藏自治区拉萨市,称格拉段,于2001年6月29日开工,2006年7月1日全线通车。格拉段全长1142千米,共设58个车站。

青藏铁路格拉段从西大滩开始,向南至安多谷地,穿越了550千米的连续多年冻土区和82千米的不连续多年冻土区。其中年平均地温高于−1.0℃的高温多年冻土段长275千米,体积含冰量超过20%的高含冰量多年冻土段221千米,高温高含冰量重叠路段约134千米。青藏铁路格拉段多年冻土区共有大小桥梁400余座,长度126千米,其中清水河以桥代路特大桥全长11.7千米,穿越昆仑山、风火山2座隧道,总长3千米。

青藏铁路采用了"主动冷却路基"的设计理念,路基采用了热管路基、块石路基、块石护坡路基、通风管路基等。

青藏铁路路堑保温护坡

火车行驶中的青藏铁路

青藏铁路弯道

青藏铁路高架桥

青藏铁路格拉段全长 1142 千米,其中多年冻土区 550 千米,修建各类桥梁 400 多座,特大桥 22 座,其中清水河"以桥代路"特大桥全长 11.7 千米;各类渠涵约 2000 座。

清水河特大桥建设背景和成果

清水河在昆仑山下，每年大量的野生动物通过这里迁徙。这里冻土厚度20多米，且含冰量高，由于极大的温度变化，除了在地表能看到的热融湖塘、热融沉陷等外，到了夏季，气温升高、冻土融化，还会在地下形成融化夹层甚至暗河；而到了冬季，热融湖塘和暗河由于气温的急剧下降，会形成突出地表的冻胀丘。如果处理不好冻土问题，铁路会发生不均匀沉陷和裂缝，严重影响行车安全。怎样解决冻土之上的铁路运行安全？怎样不影响野生动物的繁衍生息？科研人员和青藏铁路勘察设计者们提出了"以桥代路"的建设方案。

青藏铁路清水河段特大桥

十万筑路工人,历时五年建成。清水河特大铁路桥如同一条美丽的"彩虹",飞架于昆仑雪山下。清水河特大桥在平均海拔4600米以上的可可西里国家级自然保护区边缘地带,是青藏铁路线上最长的"以桥代路"特大桥,也是世界上最高的铁路桥。

清水河特大桥身兼冻土路基与野生动物通道两种功用,因修筑此桥的目的是减小铁路运行对多年冻土的扰动,确保铁路安全运营;另一个主要目的是为野生动物穿越青藏铁路提供通道而被誉为"环保桥"——大桥各桥墩间有1300多个桥孔,为野生动物让路。每年春夏季,成群迁徙的藏羚羊便可以通过此桥。

国内外学者讨论冻土路基

国家自然科学基金委员会领导考察青藏铁路

北海道大学教授考察青藏铁路

程国栋院士接受关于青藏铁路的采访

世界上海拔最高的铁路隧道——风火山隧道

风火山隧道简介

中铁二十局集团承建的风火山隧道，全长1338米，轨面标高4905米，是目前世界上海拔最高的铁路隧道，被列为青藏铁路五大冻土科研试验段之一。风火山隧道位于青藏高原腹地可可西里无人区，其自然地理气候条件之恶劣为全线之最，隧道全部穿越多年冻土区，地质含冰量10%~50%不等，是青藏铁路建设三大难题（多年冻土、高寒缺氧、生态脆弱）的典型代表工程。

该隧道于2001年10月开工，2002年10月贯通，2003年9月底竣工。为胜利建成世界第一高隧风火山隧道，中铁二十局集团调集一流的队伍和精良的设备，成立科技攻关小组，探索和采用了一系列高原冻土隧道施工的先进技术，成功突破了高原冻土隧道施工的多项世界性技术难题，从根本上确保了风火山隧道的工程质量。为解决施工缺氧问题，在北京科技大学的鼎立支持下，成功研制了世界上第一座高海拔大型医用制氧站，实现了隧道氧吧车和掌子面弥散式供氧技术，使隧道施工未因缺氧或高原病死亡一个职工。本着"建设与保护并重"的原则，在隧道弃砟、冻土保护、植被恢复等方面采取强有力的环保措施，有效的保护了隧道周围脆弱的自然环境，风火山隧道弃砟场被誉为青藏铁路全线的环保艺术精品，成立中央企业工委命名的"青年环保示范点"。隧道建成后，经雷达检测混凝土内在质量良好，不开不裂、不渗不漏，荣获青藏铁路建设总指挥部优质样板工程，创世界吉尼斯记录。风火山多年冻土隧道施工技术，先后荣获青海省科技进步一等奖和国家科技进步二等奖；风火山隧道成功突破高原冻土施工难题和"神舟"三号、四号飞船发射成功等重大科技事件一起入选"2002年公众关注的中国十大科技事件"。风火山隧道制氧供氧系统研究与应用先后获铁道部、教育部科技进步二等奖，入选"2002年中国高校十大科技进展"。2004年，风火山隧道队被中华全国总工会授于"全国五一劳动奖状"。

风火山隧道简介

青藏铁路热管路基

青藏铁路热管路基的原理是利用工质氨吸热汽化、遇冷液化的性质，把冻土路基下部的热量带走，以保护多年冻土。热管就是一个中空的金属管，管内灌了液态工质，当土壤温度升高时，工质就受热汽化上升到顶部。因为顶部空气冷，汽化的工质遇冷释放出热量，液化顺着管体流回到底部，这样循环往复，防止冻土融化。

块石路基

通风管路基工作原理是在冬季，通风管打开，外界低温通过通风管流动带走路基内部的热量，使得路基中温度与外界一致，保持低温（负温）；在夏季，通风管关闭，外界热空气携带的热量很难进入路基中，从而减少热扰动。其次，通风管有一定的隔热作用，是为了减小人类工程活动对冻土的影响，从而减少由于冻土冻融带来的路基沉降。

通风管路基

块石路基

感受遮阳板下的冷却

青藏铁路块石路基是一种冷却路基的较简单的工程措施，其主要原理是依靠块石之间大空隙内空气的自然流动，带走路基内部的热量，以冷却路基。夏季气温高、热量大，块石路基可以阻止外界热量传入路基，起到类似保温材料的隔热作用。冬季，块石路基可以加快路基散热，起到类似通风管的储冷作用。

遮阳棚路基

青藏高原太阳辐射强,到达地表的热量大,遮阳棚路基是通过有色遮阳板遮蔽太阳的辐射,减少进入冻土路基的热量,来达到保护多年冻土的目的。同时,青藏高原阴阳坡效应明显,一般是阳坡一侧吸收的热量多,从而引起路基两侧的不均匀沉陷。遮阳棚路基可有效地遮蔽两侧辐射,能确保路基两侧的热量平衡,减小阴阳坡效应带来的路基病害。

青藏铁路路堤植被护坡

冻土路基坡面增加植被护坡,主要是利用了植被根系的阻热作用。路基铺设植被护坡就如同坡面盖上了一层棉被,可有效地阻止夏季的太阳辐射。当冬季外界温度低时,植被护坡也阻止了路基内部冷能的散失,起到保护冻土路基的功效。同时,植被护坡也有绿色、环保的工程意义。

铁路维修

青藏铁路桥台锥体破损修复

世界铁路海拔最高点

青藏铁路唐古拉车站

青藏公路

青藏公路东起青海省西宁市，西止西藏自治区拉萨市，全长1937千米，于1950年动工、1954年通车，青藏公路格拉段全线平均海拔在4000米以上，设计行车速度60千米/小时。是世界上海拔最高、线路最长的柏油公路，也是通往西藏里程较短、路况最好且最安全的公路，担负了85%以上的进出藏物资的运输任务。

1974年前的青藏公路为简易公路，1974年开始全面改建，将公路标准提高为二级公路，加铺沥青路面，格拉段于1985年底完成全部改建工程。被誉为西藏"生命线"的青藏公路运行60多年来，国家先后投入大量资金对其进行了五次大规模的整治改建，其中最后一次于2008年开工，2010年完工。

青藏公路跟青藏铁路一样，也穿越了高温高含冰量多年冻土，其中西大滩至雁石坪段线路和青藏铁路并排，最宽处也不足2千米。青藏公路由于建设初期路基基本没有采取任何保护多年冻土的冷却措施，通车至今多年冻土段路基病害不断，给行车带来很大困难。

北麓

风

二道沟 64km

沱沱河 101km 里程： 海拔：

雁石坪 42km 里程：3303 海拔：4850

温泉 44km 里程：3347 海拔：5231

唐古拉山口 87km

安多县城 里程：3434 海拔：4670

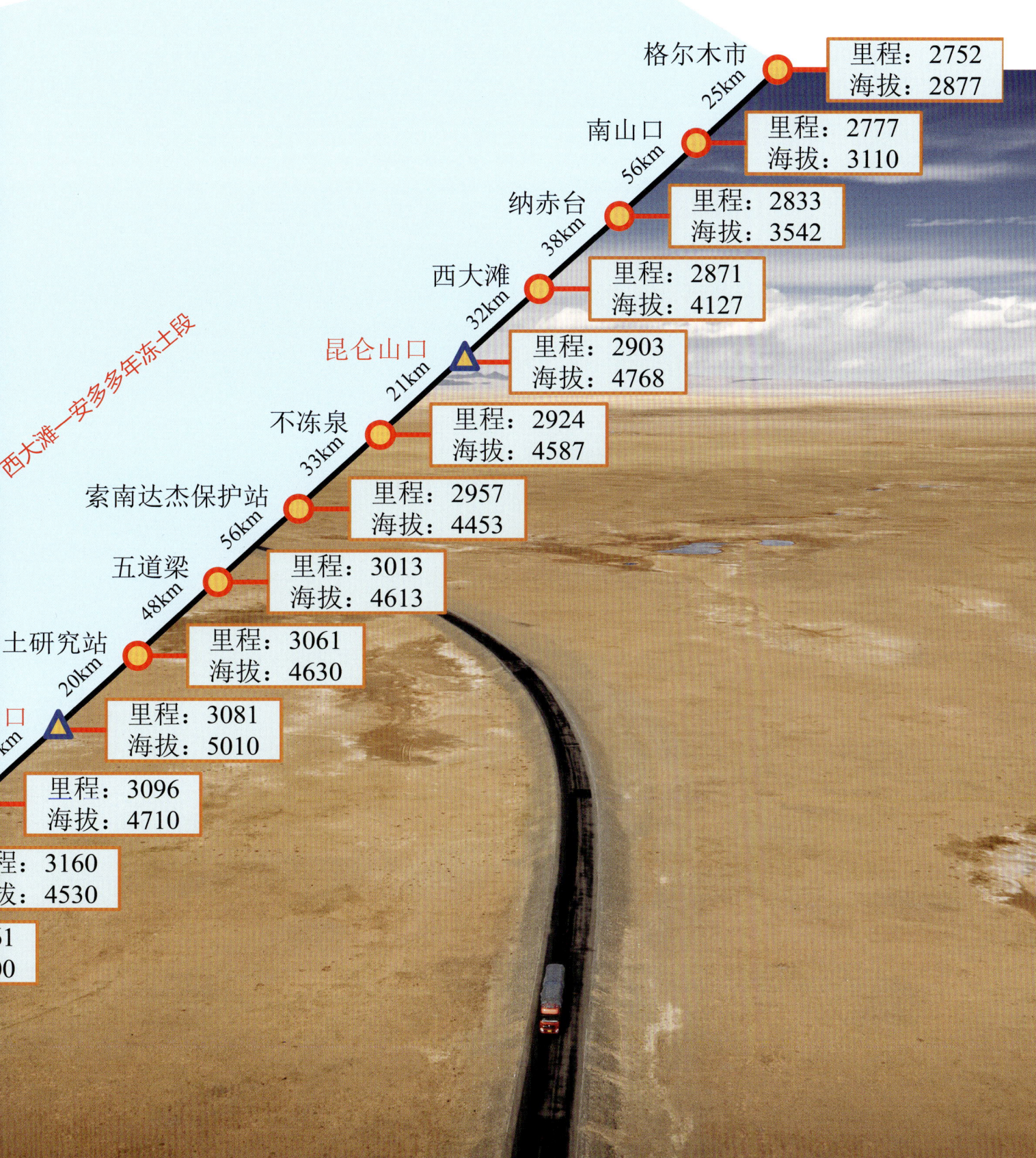

青藏公路格尔木—安多县城段

青藏公路

青藏铁路和青藏公路并行段

公路下的冻土在反复冻融的影响下，路面破裂，图中的路面是维修时在裂缝处填充了沥青，一定程度上修复和保护了路面。

冻融作用破坏的路基

青藏公路路桥过渡段路基病害调查

公路病害调查

青藏公路热管路基

公路维护

公路维修

电力天路

输变电线工程

青藏输变电工程主要包括青藏铁路110千伏输变电工程青海段和号称"电力天路"的格尔木到拉萨400千伏直流电网工程。青藏铁路110千伏输变电工程青海段全长411千米，于2006年完工。该工程北起格尔木市110千伏纳赤台变电站，南经西大滩、不冻泉、五道梁、风火山、二道沟、乌丽盆地至110千伏沱沱河变电站。该项目的建成直接改善了青藏铁路的安全运行。

"电力天路"格尔木至拉萨段长度1038千米，包括青海格尔木、西藏拉萨2座换流站（容量均为60万千瓦）、2座接地极和37.5千米接地极线路，以及格尔木至拉萨1回±400千伏直流线路。该项目的建成对加快西北电网发展，实现更大范围的资源优化配置，促进西藏经济社会跨越式发展，保障西藏地区经济发展、民族团结和社会稳定等都具有十分重要的意义。

电力天路

出露的输油管线

高原其他工程

格尔木至拉萨的管道运油线简称格拉输油管线,是当今世界上海拔最高的输送成品油固定管线,于1972年5月开工修建,1977年10月基本建成,全长1080千米。格拉管线沿青藏公路铺设,穿越楚玛尔河、沱沱河等108条河流,翻越昆仑山、唐古拉山等十余座大山,约90%的管线埋设在海拔4000米以上高寒地区。2002—2004年,国家对管线进行了重大技术改造,包括部分地段更换主干管线、改用高效设备、改进泵站工艺流程等。2010年又对输油管线进行全面升级,到2011年格拉输油管线已实现全程信息化管控。格拉输油管线从根本上解决了西藏地区燃料油运输难和耗费大的问题,被誉为"青藏高原能源大动脉"。

光缆

青藏铁路国家一级光缆干线光缆通信线路工程2004年开始建设,于2006年初完成,是世界上海拔最高的高原光缆。工程全线主要采用烽火 GYTA53, GYTA53+33 系列直埋光缆,具有优良的传输性能、温度性能、高抗拉及抗侧压等机械性能,满足青藏铁路铺设过程中的爬坡直埋,冻土铺设等极端恶劣的气候环境。

盐湖引流工程

可可西里盐湖引流疏导工程地处昆仑山的南侧，是我国在青藏高原大片连续多年冻土地区开展的首个大型水利工程，其建设背景是为解决因2011年卓乃湖溃决而引发的可可西里水患问题，保障盐湖东侧青藏工程走廊的安全运营及区域内生态环境的稳定。引流疏导工程于2019年8月初步建成并通水，全长约9千米，均位于海拔高于4400米的多年冻土区域，并设有动物通道以保证藏羚羊等野生动物的正常通行。该工程串联了分布在盐湖与清水河之间的部分湖塘，将盐湖水体有序并稳定地下泄至清水河并最终汇入长江，使得在2011年与盐湖建立水力联系的卓乃湖成为长江北源之一。盐湖引流疏导工程建成后盐湖水体面积保持相对稳定，保障了青藏工程走廊的安全运营。

盐湖引流工程

高原村镇

青藏高原海拔高、气候寒冷，自然条件恶劣。青藏公路格拉段550千米的多年冻土区常住人口稀少，主要以藏族牧民为主，其他为内地经商的流动人口。从海拔4000米的西大滩开始，爬坡穿越昆仑山后，进入可可西里，至多年冻土南界的安多县城，沿途经过西大滩、五道梁、沱沱河、雁石坪、温泉等村镇，以及青藏铁路车站、青藏公路的养护道班、藏民村等主要站点。这些站点对支撑从事青藏高原各项事业都有重要的作用，也为藏区旅游救助提供重要帮助。

沱沱河小镇

走近高冷的
可可西里

安多县城

安多县地处西藏自治区那曲市北部，著名的唐古拉山脉南侧，东与青海省治多县、杂多县、西藏聂荣县为邻，南与色尼区接壤，西与班戈县、双湖县搭界，北靠青海省格尔木市，是西藏的北大门。行政区域面积为10万平方千米，常住人口约4万人。

中国科学院西北生态环境资源研究院冻土工程国家重点实验室北麓河研究站（简称：北麓河站）

五道梁镇

开心岭道班

三江源保护站

固定居住的藏族小屋

可可西里是中国青藏高原特有野生动物藏羚羊、野牦牛、藏野驴等最集中的地区。曾经由于非法偷猎者的大量涌入，野生动物的数量急剧减少。1994年1月18日，治多县西部工委书记索南达杰为保护藏羚羊，一人同18名偷猎者奋战，英勇牺牲。在之后的一年多时间里，"保护长江源，爱我大自然"活动筹委会多方努力筹集资金，并在治多县西部工委协助下，于1997年9月10日在可可西里东侧的昆仑山附近建立了索南达杰自然保护站，作为可可西里反偷猎工作的最前沿基地，促进了可可西里藏羚羊保护的进程。也以此来纪念索南达杰同志。

索南达杰保护站

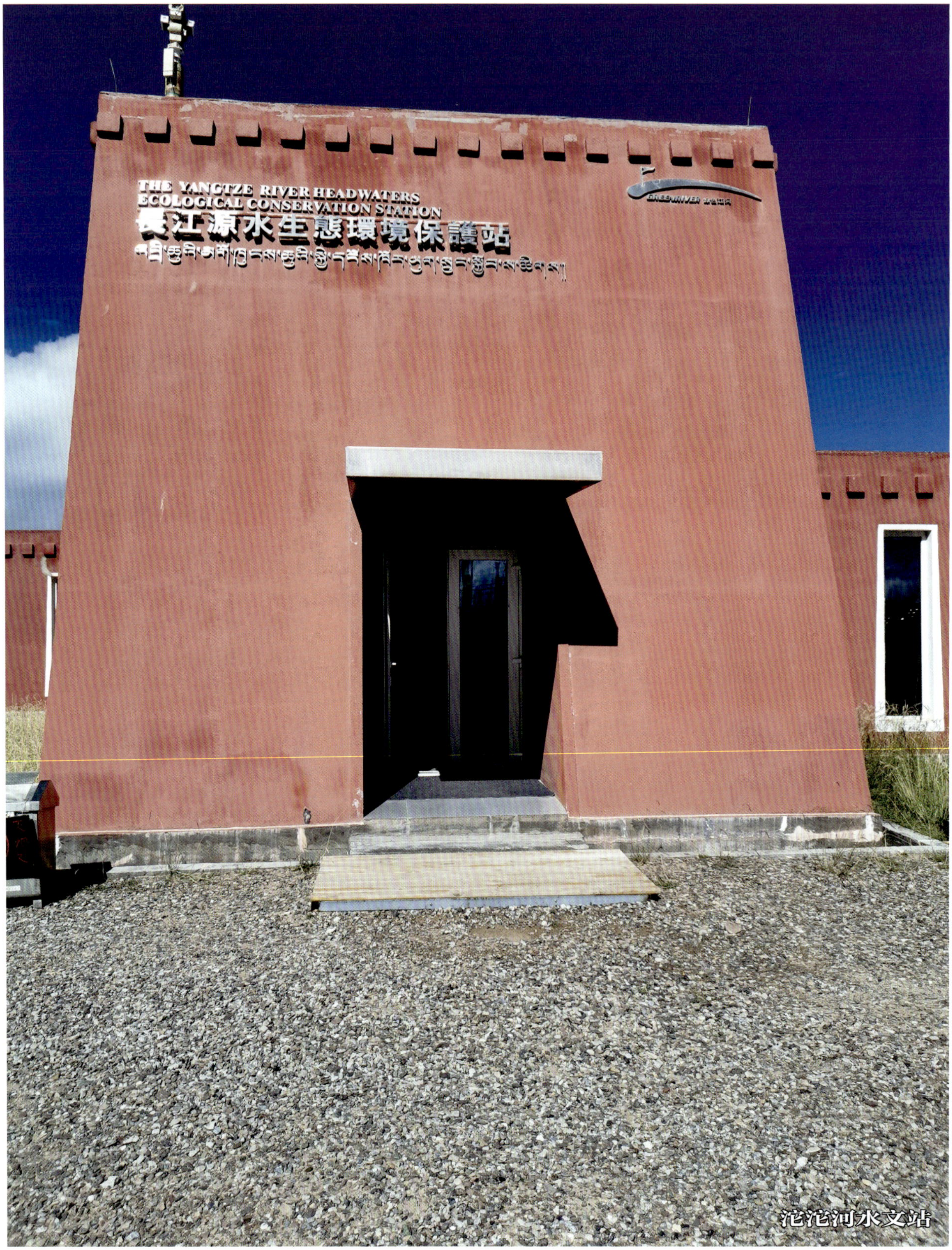
THE YANGTZE RIVER HEADWATERS
ECOLOGICAL CONSERVATION STATION
長江源水生態環境保護站

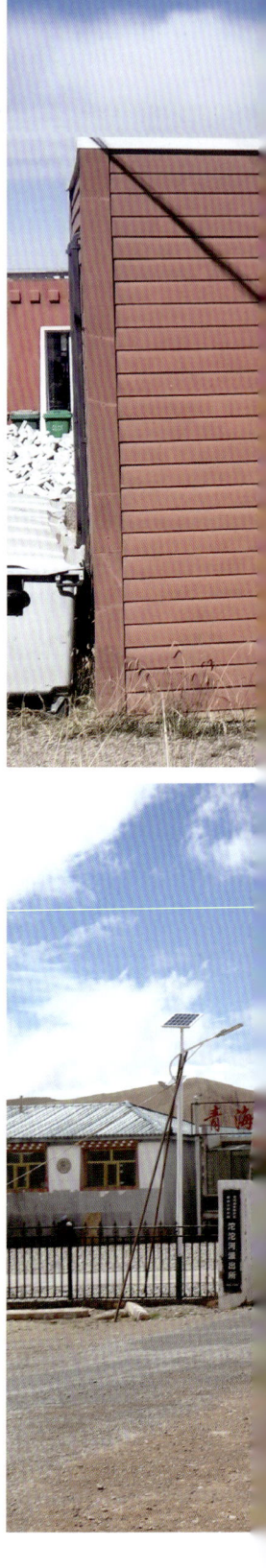

沱沱河水文站

沱沱河长江 1 号邮局

自然保护区沱沱河保护站

赛马运动会上的拔河比赛

风土民俗 17

现今的青藏高原上主要定居着汉族、藏族、蒙古族、满族、羌族、撒拉族等四十多个民族，其中藏族人口最多，是青藏高原上的主要民族。作为青藏高原的主人，藏族人民认定自己赖以生存的这片土地是一块神圣宝地，他们称之为"神圣雪域"。

藏族传统服饰（藏袍）至今保存非常完整，主要以皮面、锦缎、氆氇、素布为面料，色彩多姿靓丽。藏袍普遍厚重宽松肥大，这主要与高原的气候环境相关。

藏族的饮食主要以牛羊肉和奶制品如酥油茶、奶酪、酸奶等为主。青藏高原瓜果蔬菜短缺，农业主要以畜牧业为主，所以其食物主要来源于牛羊。

受高寒气候及游牧方式的影响，可可西里藏族人民的居室主要是蒙古包。它由牛羊毛编制而成，质地厚重且结实耐磨，具有防风抗寒等功能，且拆卸容易，便于牧民们迁移。现今随经济的发展和国家政策的实施，为改善藏族同胞的生活条件，国家及政府在青藏高原低海拔地区为藏族人民建设了统一的现代化住所，藏族同胞在休牧时期可回到各自的住所生活。这一方面改善了藏民的生活，另一方面也有利于解决藏族青少年的教育问题。

愿各族人民永远幸福地生活在这片神秘的雪域高原。

骑马放牧的牧民

高原运动会跳马

骑牦牛放牧的牧民

走近高冷的
可可西里

高原赛马会

放牧的祖孙三代

好客的藏族同胞

国际学者曲麻莱乡晚餐

喇嘛与客人

程国栋院士和国际学者与藏族同胞交谈

科考队员与游学的僧人合影

藏民房屋

高原燃料

湖边的小玛尼堆

玛尼石

玛尼石最原始的名字是"玛智石"。在西藏各地的山间、路口、湖边、江畔，几乎都可以看到一座座以石块和石板垒成的祭坛——玛尼堆。这些石块和石板上，大都刻有六字真言、慧眼及各种吉祥图案，它们也是藏族民间艺术家的杰作。

走近高冷的
可可西里

徒步者

青藏公路上的骑行者

结语
写给读者的话

第二次青藏高原综合科学考察研究（简称第二次青藏科考）于2017年8月全面启动，受到了国家的高度重视和全社会的广泛关注。习近平总书记在贺信中指出："青藏高原是世界屋脊、亚洲水塔，是地球第三极，是我国重要的生态安全屏障、战略资源储备基地，是中华民族特色文化的重要保护地。开展这次科学考察研究，揭示青藏高原环境变化机理，优化生态安全屏障体系，对推动青藏高原可持续发展、推进国家生态文明建设、促进全球生态环境保护将产生十分重要的影响。"位于青藏高原腹地的可可西里，万山之祖昆仑山和雄鹰飞不过的唐古拉傲然屹立于此；亚洲水塔的重要组成——长江、黄河发源于此、滚滚东流；多种特有动植物聚居于此……它是全球气候变化的敏感区和脆弱区。

根据学科分类及具体考察目标，第二次青藏科考共设置10大任务66个专题（启动时的专题数，已有增加）。"冻土冻融灾害与重大冻土工程病害"属科考任务九"地质环境与灾害"所设立的专题五，主要开展青藏高原冻土区冻融灾害及重大冻土工程病害本底调查、现状评估与趋势预测。可可西里作为高原腹地的连续多年冻土区，是该专题科学考察工作关键区中的重要组成部分。

可可西里对很多人来说是神秘的、未知的。大部分人对可可西里的了解可能源于陆川执导的电影《可可西里》，对其印象是"可可西里是天堂，是地狱，是见证生命与信仰的圣地"。得益于本人与科研团队承担冻土与冻融灾害考察这一光荣的使命，才难得有机会与这片土地进行亲密地接触，开展全面的调查研究。在整理这些或漂亮、或震撼、或神秘的可可西里科考照片时，便萌生了将这些照片制作成图集，来揭开可可西里神秘的面纱，将其呈现给读者的想法。

这本书希望通过大量的照片带你走进真实的可可西里，从科普的角度介绍可可西里的生态环境、工程建设、风土人情以及生长在这片高寒大地上的顽强生命；也通过科学的视角探寻"高而冷"的冰缘景观与冻融环境演化。

据记载，3亿年前，这里还是一片汪洋，地壳碰撞之后的高原隆升，沧海变桑田，可可西里出现了峥嵘起伏的青色山梁和平缓大地。尽管羌、汉、氐、匈奴、鲜卑、羯人都曾在这片土地驻足，但直至与蒙古人邂逅，才为它留下"可可西里"的名字，意为"美丽的少女"。

亿万年来，雪虐风饕、山麓剥蚀、一次次的隆升与夷平，形成了可可西里的"高冷"。交错数千米兀立的山峦覆盖着皑皑白雪，广袤秀丽的草原，灰色苍凉的石冰川，错落有致的冻胀丘，撕裂地表的热融滑塌，星罗棋布的热融湖塘，盘曲环绕的冰卷泥……无不展示着这片原野上多变、冷酷而又神秘的冰缘地貌格局。然而，高寒地貌顽强地演绎着大自然的奇迹，这里有悠悠振翎的黑颈鹤、轻盈矫健的藏羚羊、身形稳健的野牦牛、奋蹄疾驰的藏野驴，还有或单独、或结伴成群的地面猎食者高原野狼、雪豹、棕熊等等，以及盘旋高空的秃鹫、猎隼……使得这片纵横数百里的"高冷"之地格外的美丽动人，充满了灵气。

风景壮美、雄浑苍凉的可可西里，在气候变暖的背景下，沉卧于地下的多年冻土开始退化，活动层厚度增加、地下冰消融、多年冻土温度升高，呈现出自然灾害频发的态势。逐渐增多的热融滑塌、大片扩张的热融湖塘……无不对脆弱的高寒环境带来阵阵冲击，也对生命线工程带来巨大威胁。今天，我们有幸遇上千载难逢的机遇，正值国家高度重视生态文明建设，倡导加强青藏高原生态保护，防控生态风险，保障生态安全……实现人与自然和谐共生。因此，坚持山水林田湖草沙一体化保护修复，守护好高原心脏可可西里，守护好地球上"最后一片净土"，就是"对历史负责、对人民负责"！

可可西里，这片美丽、"高冷"又脆弱，如同少女般的土地需要人类的精心呵护。走近"高冷"的可可西里，在欣赏蔚蓝澄澈的天空、巍峨耸立的雪山、顽强生长的花草、自由驰骋的牛羊的同时，请敬畏自然、敬畏生命。让我们携起手来，共同保护环境、保障人民群众及子孙后代的生态环境权益，使青山常在，绿水长流。

参考文献

第一章 青藏高原上的可可西里

地质矿产部《地质辞典》办公室. 地质辞典. 一上册，普通地质 构造地质分册 [M]. 地质出版社，1983.

姜永见，李世杰，沈德福，等. 青藏高原江河源区近40年来气候变化特征及其对区域环境的影响 [J]. 山地学报，2012, 30(04): 461-469.

可可西里地区综合科学考察队，李炳元，顾国安，李树德. 青海可可西里地区自然环境 [M]. 科学出版社，1996.

李吉均，方小敏，潘保田，等. 新生代晚期青藏高原强烈隆起及其对周边环境的影响 [J]. 第四纪研究，2001(05): 381-391.

李吉均. 青藏高原隆起与环境变化研究 [J]. 科学通报，1998, 43(15):7.

李吉均，文世宣，张青松，等. 青藏高原隆起的时代、幅度和形式的探讨 [J]. 中国科学，1979(06): 78-76.

李亚林，王成善，王谋，等. 藏北长江源地区河流地貌特征及其对新构造运动的响应 [J]. 中国地质，2006, 33(2): 374-382.

林战举，牛富俊，刘华，等. 循环冻融对冻土路基护坡块石物理力学特性的影响 [J]. 岩土力学，2011, 32(5): 1369-1376.

林战举. 多年冻土区热喀斯特湖特征及其对冻土环境与工程的影响研究 [D]. 中国科学院大学，2011.

罗京. 青藏工程走廊冻土斜坡失稳及易发性评价研究 [D]. 中国科学院研究生院，2015.

戚伟，刘盛和，周亮. 青藏高原人口地域分异规律及"胡焕庸线"思想应用 [J]. 地理学报，2020, 75(2): 13.

秦大河. 冰冻圈科学辞典 [M]. 气象出版社，2014.

邱国庆，刘经仁. 冻土学辞典（汉，英，俄对照）[M]. 甘肃科学技术出版社，1994.

张兰生. 中国古地理：中国自然环境的形成 [M]. 科学出版社，2012.

郑度. 中国的青藏高原 [M]. 科学出版社，1985.

钟大赉，丁林. 青藏高原的隆起过程及其机制探讨 [J]. 中国科学：D 辑，1996, 26(4):7.

Bibi S, Wang L, zhou X P, et al. Climatic and associated cryospheric, biospheric, and hydrological changes on the Tibetan Plateau: a review[J]. International Journal of Climatology, 2018, 38(1):e1-e17.

Gladilshchikova A A, Semenov S M. The Intergovernmental Panel on Climate Change(IPCC)：The Cycle of the Sixth Assessment Report[C]. United Kingdom and New York, Cambridge University Press, 2021.

Kang S C, Xu Y W, You Q L, et al. Review of climate and cryospheric change in the Tibetan Plateau[J]. Environmental Research Letters, 2010, 5(1):15101-15101.

Liu, X D, Chen B D. Climatic warming in the Tibetan Plateau during recent decades[J]. International Journal of Climatology, 2000, 20(14): 1729-1742.

Gao Y H, Li X, Ruby L,et al. Aridity changes in the Tibetan Plateau in a warming climate[J]. Environmental Research Letters, 2015, 10(3): 034013.

Zhang G Q, Yao T D, Xie H J, et al. Response of Tibetan Plateau lakes to climate change: Trends, patterns, and mechanisms – ScienceDirect[J]. Earth-Science Reviews, 2020 (208): 103-269.

Zhou F, Yao M, Fan X, et al. Evidences of warming from long-term records of climate and permafrost in hinterland Qinghai-Tibet Plateau[J]. Frontiers in Environmental Science, 2022.

第四章 冰冷的可可西里

程国栋. 厚层地下冰的形成过程 [J]. 中国科学：化学生物学农学医学地学，1982(03): 91-98.

马巍，王大雁. 冻土力学 [M]. 科学出版社，2014.

徐斅祖. 冻土物理学 [M]. 科学出版社，2010.

Fan X W, Lin Z J, Gao Z Y, et al. Cryostructures and ground ice content in ice-rich permafrost area of the Qinghai-Tibet Plateau with Computed Tomography Scanning[J]. Journal of Mountain Science, 2021, 18(5):1208-1221.

Lin Z J, Gao Z Y, Fan X W, et al. Factors controlling near surface ground-ice characteristics in a region of warm permafrost, Beiluhe Basin, Qinghai-Tibet Plateau[J]. Geoderma, 2020, 376: 114540.

第五章 冻融改造中的可可西里

牛富俊，程国栋，李建军，等. 多年冻区管道通风路基温度边界条件及温度场实测研究 [J]. 冰川冻土，2006, 28(3): 380-389.

牛富俊，刘明浩，程国栋，等. 多年冻土区青藏铁路路基的长期热状况 [J]. 中国科学：地球科学，2015, 5(08): 1220-1228.

牛富俊，张建明，张钊. 青藏铁路北麓河试验段冻土工程地质特征及评价 [J]. 冰川冻土，2002, 24(3): 264-264.

张东菊，董广辉，王辉，等. 史前人类向青藏高原扩散的历史过程和可能驱动机制 [J]. 中国科学：地球科学，2016, 46(08): 1007-1023.

张东菊，申旭科，成婷，等. 青藏高原史前人类活动研究新进展 [J]. 科学通报，2020, 65(06): 475-482.

HugH M. The Periglacial Environment (Fourth Edition)[M], John Wiley & Sons Ltd, 2018.

Gao Z Y, Niu F J, Lin Z J. Effects of permafrost degradation on thermokarst lake hydrochemistry in the Qinghai-Tibet Plateau, China[J]. Hydrological Processes, 2020, 34(26): 5659-5673.

Gao Z Y, Niu F J, Wang Y B, et al. Suprapermafrost groundwater flow and exchange around a thermokarst lake on the Qinghai-Tibet Plateau, China[J]. Journal of Hydrology, 2021, 593: 125882.

Johnston G H, Brown R J E. Some observations on permafrost distribution at a lake in the Mackenzie delta N.W.T., Canada [J]. Arctic, 1964, 17: 162-175.

Lewkowicz A G. Dynamics of active-layer detachment failures, Fosheim Peninsula, Ellesmere Island, Nunavut, Canada[J]. Permafrost & Periglacial Processes. 2010, 18, 89-103.

Li A Y, Matsuoka N, Niu F J, et al. Ice needles weave patterns of stones in freezing landscapes[J]. Proceedings of the National Academy of Sciences, 2021, 118(40).

Lin Z J, Gao Z Y, Fan X W, et al. Factors controlling near surface ground-ice characteristics in a region of warm permafrost, Beiluhe Basin, Qinghai-Tibet Plateau[J]. Geoderma, 2020, 376: 114540.

Lin Z J, Luo J, Niu F J. Development of a thermokarst lake and its thermal effect on permafrost nearly 10 years in Beiluhe Basin, Qinghai-Tibet Plateau. Geosphere, 2016, 12(2): 632-643.

Lin Z J, Niu F J, Liu H, et al. Disturbance-related thawing of a ditch and its influence on roadbeds on permafrost[J]. Cold Regions Science and Technology. 2011, 66: 105-114.

Lin Z J, Niu F J, Xu Z Y, et al. Thermal regime of a thermokarst lake and its influence on permafrost, Beiluhe Basin, Qinghai-Tibet Plateau[J]. Permafrost & Periglacial Processes, 2010, 21(4): 315-324.

Lunardini V J. Climatic warming and the degradation of warm permafrost [J]. Permafrost Periglacial Processes, 1996, 7: 311 — 320.

Luo J, Niu F J, Lin Z J, et al. Thermokarst lake changes between 1969 and 2010 in the Beilu River Basin, Qinghai-Tibet Plateau, China- Science Direct[J]. Science Bulletin, 2015, 60(5):556-564.

Niu F J, Lin Z J, Liu H. Characteristics of thermokarst lakes and their influence on permafrost in Qinghai-Tibet Plateau[J]. Geomorphology, 2011, 132(3-4):222-233.

Niu F J, Luo J, Lin Z J, et al. Development and thermal regime of a thaw slump in the Qinghai-Tibet plateau[J]. Cold Regions Science and Technology, 2012, 83-84(DEC):131-138.

Niu F J, Luo J, Lin Z J, et al. Morphological Characteristics of Thermokarst Lakes along the Qinghai-Tibet Transportation CorridorCorridor[J]. Arctic Antarctic and Alpine Research, 2014, 46(4):963-974.

Niu F J, Luo J, Lin Z J, et al. Thaw-induced slope failures and stability analyses in permafrost regions of the Qinghai-Tibet Plateau, China[J]. Landslides, 2016.

Rudy A, Lamoureux S F, Treitz P, et al. Terrain controls and landscape - scale susceptibility modelling of active - layer detachments, sabine peninsula, melville island, nunavut[J]. Permafrost and Periglacial Processes, 2017, 28(1):79-91.

Yin G A, Luo J, Niu F j, et al. Spatial analyses and susceptibility modeling of thermokarst lakes in permafrost landscapes along the Qinghai - Tibet engineering corridor[J]. Remote Sensing, 2021, 13(10): 1974.

第六章 可可西里稀有的动植物

李炳元，顾国安，李树德．青海可可西里地区自然环境 [M]．科学出版社，1996．

三江源国家公园．http://sjy.qinghai.gov.cn/

徐爱春．可可西里地区生物多样性研究 [M]．科学技术文献出版社，2014．

邹珊，吕富成．青藏高原两种特殊的植被类型：高寒草原和高寒草甸 [J]．地理教学，2016(2): 5.

第七章 多姿多彩的可可西里

陈发虎，刘峰文，张东菊，等．史前时代人类向青藏高原扩散的过程与动力 [J]．自然杂志，2016, 38(04): 35-240.

程国栋，何平．多年冻土地区线性工程建设 [J]．冰川冻土，2001(03): 213-217.

程国栋．青藏铁路工程与多年冻土相互作用及环境效应 [J]．中国科学院院刊，2002(01): 21-25.

侯光良，许长军，樊启顺．史前人类向青藏高原东北缘的三次扩张与环境演变 [J]．地理学报，2010, 65(01): 65-72.

牛富俊，程国栋，李建军，等．多年冻区管道通风路基温度边界条件及温度场实测研究 [J]．冰川冻土，2006, 28(3): 380-389.

牛富俊，刘明浩，程国栋，等．多年冻土区青藏铁路路基的长期热状况 [J]．中国科学：地球科学，2015, 45(08): 1220-1228.

牛富俊, 张建明, 张钊. 青藏铁路北麓河试验段冻土工程地质特征及评价 [J]. 冰川冻土, 2002, 24(3): 264-264.

Brantingham P J, Xing G, Madsen D B, et al. Late occupation of the high-elevation northern tibetan plateau based on cosmogenic, luminescence, and radiocarbon ages[J]. Geoarchaeology-an International Journal, 2013, 28(5): 413-431.

Lin Z J, Niu F J, Li X L, et al. Characteristics and controlling factors of frost heave in high-speed railway subgrade, Northwest China [J]. Cold Regions Science and Technology, 2018, 153:33-44.

Luo J, Lin Z J, Yin G A, et al. The ground thermal regime and permafrost warming at two upland, sloping, and undisturbed sites, Kunlun mountain, Qinghai-Tibet Plateau [J]. Cold Regions Science and Technology, 2019b, 167:102862.

Luo J, Niu F J, Liu M H, et al. Field experimental study on long-term cooling and deformation characteristics of crushed-rock revetment embankment at the Qinghai-Tibet Railway [J]. Applied Thermal Engineering, 2018b, 139:256-263.

Niu F J, Lin Z J, Lu J H, et al. Assessment of terrain susceptibility to thermokarst lake development along the Qinghai-Tibet Engineering Corridor, China [J]. Environmental Earth Sciences, 2015b, 73(9):5631-5642.

Niu F J, Liu M H, Cheng G D, et al. Long-term thermal regimes of the Qinghai-Tibet Railway embankments in plateau permafrost regions [J]. Science China Earth Sciences, 2015a, 58(9):1669-1676.

Niu F J, Liu X F, Ma W, et al. Monitoring study on the boundary thermal conditions of duct-ventilated embankment in permafrost regions [J]. Cold Regions Science and Technology, 2008, 53(3):305-316.

Niu F J, Luo J, Lin Z J, et al. Thaw-induced slope failures and susceptibility mapping in permafrost regions of the Qinghai-Tibet Engineering Corridor, China [J]. Nature Hazards, 2014, 74(3):1667-1682.

地图数据来源

李炳元, 顾国安, 李树德, 等. 青海可可西里地区自然环境 [M]. 科学出版社, 1996.

李兰. 青藏高原湖泊演化及生态环境效应研究 [D]. 长安大学, 2021.

倪杰, 吴通华. 青藏高原多年冻土活动层厚度和地温模拟数据 (2000—2015、2061—2080). 国家青藏高原科学数据中心, 2021. https://doi.org/10.17632/hbptbpyw75.1.

彭守璋. 中国1km分辨率逐月平均气温数据集 (1901—2021). 国家青藏高原科学数据中心, 2019. https://doi.org/10.11888/Meteoro.tpdc.270961.

汤国安. 中国数字高程图 (1km). 国家青藏高原科学数据中心, 2019.

杨雅萍. 青藏高原基础地理数据 (2015). 青藏高原数据中心, 2021.

姚苗苗, 林战举, 范星文, 等. 青藏高原中部可可西里热融滑塌发育特征及灾害效应 [J/OL]. 冰川冻土, 2022, 1-12.

张镱锂. 青藏高原边界数据总集. 国家青藏高原科学数据中心, 2019. https://doi.org/10.11888/Geogra.tpdc.270099.

Yin G A, Niu F J, Lin Z J, et al. Data-driven spatiotemporal projections of shallow permafrost based on CMIP6 across the Qinghai-Tibet Plateau at 1 km2 scale, Advances in Climate Change Research, 2021, 12(6): 814-827.